U0183517

普通高等教育"十四五"系列教材

AutoCAD 与 Revit 工程应用教程

主　编　吴鑫淼　冉彦立

副主编　张　梅　代　彬　李秀梅　任小强

中国水利水电出版社

www.waterpub.com.cn

·北京·

内 容 提 要

本书充分考虑工程应用型人才培养目标，以 AutoCAD 2018 和 Autodesk Revit 2018 软件为平台，结合不同专业工程实例系统阐述了计算机绘图及信息化模型创建的基本操作和绘图技巧。本书内容包括两部分：第一部分主要介绍 AutoCAD 2018 的基本操作、绘图技巧和工程应用；第二部分介绍 BIM 信息化建模软件 Revit 2018 的基本功能，结合项目实例阐述土建及给排水模型创建过程，并介绍 Revit 族及编辑器的使用方法。

考虑到软件的实操性较强，本书配套出版实验用书《〈AutoCAD 与 Revit 工程应用教程〉上机实验指导》，并同时建设课件及教学资料网络资源，书中的知识点和绘图实例可通过扫描对应的二维码进行操作视频的学习。

本书可作为水利工程、土木工程和给水排水工程等专业的教材，也可作为相关工程人员技术培训或参考用书。

图书在版编目（CIP）数据

AutoCAD与Revit工程应用教程 / 吴鑫淼，冉彦立主编. -- 北京：中国水利水电出版社，2023.9
普通高等教育"十四五"系列教材
ISBN 978-7-5226-1533-2

Ⅰ. ①A… Ⅱ. ①吴… ②冉… Ⅲ. ①建筑设计－计算机辅助设计－应用软件－高等学校－教材 Ⅳ. ①TU201.4

中国国家版本馆CIP数据核字(2023)第097778号

书　　名	普通高等教育"十四五"系列教材 **AutoCAD 与 Revit 工程应用教程** AutoCAD YU Revit GONGCHENG YINGYONG JIAOCHENG	
作　　者	主　编　吴鑫淼　冉彦立 副主编　张　梅　代　彬　李秀梅　任小强	
出版发行	中国水利水电出版社 （北京市海淀区玉渊潭南路 1 号 D 座　100038） 网址：www.waterpub.com.cn E - mail：sales@mwr.gov.cn 电话：(010) 68545888（营销中心）	
经　　售	北京科水图书销售有限公司 电话：(010) 68545874、63202643 全国各地新华书店和相关出版物销售网点	
排　　版	中国水利水电出版社微机排版中心	
印　　刷	清淞永业（天津）印刷有限公司	
规　　格	184mm×260mm　16 开本　17 印张　414 千字	
版　　次	2023 年 9 月第 1 版　2023 年 9 月第 1 次印刷	
印　　数	0001—2000 册	
定　　价	**51.00 元**	

前　言

随着计算机软硬件技术的不断发展以及工程设计要求的不断提高，计算机绘图也从传统的二维绘图、三维建模向三维信息化模型发展。高等学校课程改革应结合新技术的发展，培养社会急需人才，因此工科专业计算机绘图相关课程均需要在传统的 AutoCAD 教学基础上增加三维信息模型的内容。建筑信息模型（building information modeling，BIM）已成为建筑行业转型升级的重要支持技术。近年来，国家及地方关于 BIM 的标准及政策的不断推出为 BIM 技术的快速发展创造了良好的环境。Revit 是国内 BIM 建模主流软件之一，该软件全面创新的概念设计功能使其适用于建筑设计、结构工程、暖通、电气、给水排水工程和施工等领域。

本书注重 AutoCAD 和 Revit 软件的工程应用，突出技术性、专业性和实用性，结合水利工程、土木工程及给水排水工程等专业工程实例全面系统地介绍了 AutoCAD 2018 和 Revit 2018 软件的基本操作技巧和应用流程。本书与配套实验用书《〈AutoCAD 与 Revit 工程应用教程〉上机实验指导》相结合，指导学生实现从简单操作到专业综合运用的不断提升。本书在纸质教材的基础上协同网络资源建设，将课件、专业设计实例和视频等数字资源与纸质教材整合为新形态的立体化和信息化的教材，读者只需扫描本书或实验指导书中提供的二维码即可进行知识点的视频学习。

本书共分十二章，其中第一章至第八章主要介绍 AutoCAD 2018 的基本功能、二维绘图与编辑、文字与尺寸标注、三维模型创建、AutoCAD 协同设计、图形打印输出，以及利用 AutoCAD 创建三维模型和绘制工程图纸；第九章至第十二章主要介绍 Revit 的基本操作，结合实例创建土建及给排水项目模型，介绍族及族编辑器的功能。

参与本书编写的有河北农业大学吴鑫淼（前言、绪论、第五章、第八章第二节、第十章第一节），河北农业大学冉彦立（第一章、第三章、第四章），河北农业大学张梅（第七章，第八章第一节、第二节，第十章第二节），河北农业大学代彬（第九章、第十章第二节、第十一章、第十二章），河北农业大学李秀梅（第二章、第六章），河北农业大学任小强（第十章项目模型资料）。吴鑫淼和冉彦立担任主编并负责统稿，张梅、代彬、李秀梅、任小强任副主编。郝仕阳、汪靖阳、刘梦、曹曼雨、李若瑜、吕博宇、王浩楠、丁亚宁、卢雨萧、韩丝雨、张爱靖、黄康、刘凯旋、李彦宁、罗东泽、裴禹辰、郭锦强、赵子毅、温金金、韩昭龙参与了教材的编写和视频的录制工作。

由于编者水平有限，不妥之处在所难免，敬请广大读者批评指正。

编者

2023 年 3 月

数　字　资　源　清　单

数字资源

资源编号	资 源 名 称	资源类型	页码
资源 7.16	由三维模型生成三视图	视频	151
资源 8.1	完整绘制水利工程图	视频	158
资源 9.1	移动和复制图元	视频	175
资源 9.2	对齐图元	视频	176
资源 9.3	镜像图元	视频	178
资源 10.1	墙体的绘制	视频	206
资源 10.2	门和窗的绘制	视频	215
资源 11.1	管道系统设置	视频	235
资源 11.2	给排水管道绘制	视频	238
资源 11.3	生活给水管道和生活排水管道	图片	241
资源 12.1	族实例——窗的绘制	视频	255

目　录

绪论

一、工程图学发展历程

工程图学是一门以图形为研究对象，用图形表达设计思维的学科。人类用图来表达物体的历史可以追溯到很早以前，从几何到数学直到工程制图的理论基础，其间的发展经历了漫长的过程。"图"对推动人类社会文明的进步和现代科学技术的发展起了重要作用。公元前 2600 年刻在古尔迪亚泥板上的一张神庙地图就可以称为工程图样。我国早在 2000 年前就利用正投影法在青铜板上用金银线和文字制成建筑平面图。然而，直到 16 世纪欧洲文艺复兴时期，人们才将平面图和其他多面图画在同一画面上，形成了设计图。到了 19 世纪，法国著名科学家加斯帕·蒙日通过归纳总结前人的各种表达方法，创立了画法几何学，为工程图学的发展奠定了理论基础。此后，为了使图样能准确地表达设计者的意图，便于技术思想的交流，许多国家相应制定了一些制图标准，尤其是工业先进国家在统一制图标准方面做了大量的工作。1947 年成立的国际标准化组织（International Organization for Standardization，ISO）大大促进了制图标准的国际化、体系化、通用化，大大促进了国际间的技术交流，使工程图成为工程界名副其实的"共同语言"。

近年来，计算机制图在理论及技术上的重大突破与普及，对传统的工程图学理论及实践体系发出了强有力的挑战。从手工绘图到计算机成图，从二维图纸到三维模型，工程图学经历了丰富的演变，也为社会发展做出了很大贡献。计算机制图不仅简化了设计手段，而且提升了设计质量，缩短了设计周期。随着计算机和计算技术的高速发展，工程制图的内容不断扩充，计算机绘图、造型、建模等相关理论与方法丰富了图学学科的内容，传统工程制图学、设计学以及计算机科学相互交叉而形成现代工程图学。现代工程图学是数字化、虚拟化、智能化设计平台的基础，是提高产品自主开发能力和技术创新能力、提高产品设计水平和企业在全球经济中的竞争能力与合作能力的技术基础。

二、AutoCAD 软件介绍

计算机辅助设计（computer aided design，CAD）是用计算机硬件、软件系统辅助工程技术人员进行产品和工程设计、修改、显示、输出的一门多学科综合应用技术，是计算机图形学应用于生产的重要领域。由美国 Autodesk 公司开发的通用计算机辅助绘图与设计软件 AutoCAD 自 1982 年问世以来历经多次版本升级，功能不断完善，已成为工程设计领域应用最广泛的计算机辅助设计软件。早期版本的 AutoCAD 只是绘制二维图形的简单工具，但现在 AutoCAD 已经集平面绘图、三维造型、数据库管理、渲染着色等功能于一体，并提供了丰富的工具集，目前被应用于机械、建筑、电子、航天、土木工程、水利工程、市政工程等领域的二维绘图、详图绘制、设计文档和基本三维设计，拥有庞大的用户群体和大量的设计资源，受到世界各地工程设计人员的青睐。

AutoCAD 的主要功能和特点如下：

（1）具有完善的图形绘制功能：不仅能以多种方式创建基本的平面图形对象，而且可利用三维绘图命令创建 3D 实体及表面模型。

（2）具有强大的图形编辑、尺寸标注与文字注写等功能。

（3）灵活的出图打印设置：既可以利用模型空间出图，也可以在布局空间精确控制出图比例，提高出图质量。

（4）可以采用多种方式进行二次开发或用户定制：AutoCAD 允许用户定制菜单和工具栏，并能利用内嵌语言 Visual Lisp、VBA、ADS、ARX 等针对专业要求进行二次开发。

（5）可以进行多种图形格式的转换：AutoCAD 提供了多种图形图像数据交换格式及相应命令，具有较强的数据交换能力。

（6）支持多种硬件设备和多种操作平台。

此外，从 AutoCAD 2000 开始，AutoCAD 系统又增添了许多强大的功能，如 AutoCAD 设计中心（ADC）、多文档设计环境（MDE）、Internet 驱动、新的对象捕捉功能、增强的标注功能以及局部打开和局部加载的功能。

三、Autodesk Revit 软件介绍

（一）BIM 技术发展简介

建筑信息模型（building information modeling，BIM）的概念最早是由美国学者 Chuck Eastman 博士于 40 多年前提出的。2002 年 Autodesk 公司针对建筑行业率先提出了 BIM 的一系列解决方案。BIM 作为一种全新的建筑设计平台，将信息的创建和使用集成在一个统一的设计环境中，保证了数据的一致性和可计算性；将一个建筑项目整个生命周期内的所有信息整合到一个单独的建筑模型中，不仅包括设计信息，还包括施工进度、建造过程、维护管理等过程信息。BIM 具有可视化、协调性、模拟性、优化性和可出图等特点。

BIM 技术起源于美国，并逐渐被英国、日本、新加坡等发达国家广泛认同并采纳，达到了极高的普及率。目前我国 BIM 应用还处于初期阶段，近年来，国务院、住房城乡建设部以及全国各省（自治区、直辖市）政府等相关单位，频繁发布强制应用 BIM 技术的文件。各省（自治区、直辖市）在推广 BIM 技术方面也做了很多的工作，相继制定了 BIM 相关政策。到目前我国已初步形成 BIM 技术应用标准和政策体系，为 BIM 的快速发展奠定了坚实的基础。近几年国内大型工程中 BIM 使用成功案例层出不穷，如中国第一高楼——上海中心、北京第一高楼——中国尊、华中第一高楼——武汉中心、港珠澳大桥等。

BIM 技术包括的软件很多，如建模软件、结构分析软件、可视化软件、模型综合碰撞检查软件、造价管理软件等。目前建筑行业的 BIM 核心建模软件主要有 Autodesk 公司的 Revit 建筑、结构及机电系列和 Bentley 建筑、结构和设备系列。另外，我国广

联达也积极研发 BIM 系列软件，并已应用于实际工程中。

（二）Autodesk Revit 功能简介

Autodesk Revit 软件是由美国 Autodesk 公司基于 BIM 技术开发的三维设计软件，是 BIM 软件中最具代表性的，也是目前我国 BIM 体系中应用最广泛的软件。Autodesk Revit 涉及建筑、结构及设备（水、暖、电）专业，可以为建筑工程行业提供 BIM 解决方案。在 Revit 模型中，所有图纸、平面图、立面图、3D 图以及明细表等信息都出自同一个建筑模型的数据库。它能通过参数驱动模型，即时呈现建筑师和设计师的设计，通过协同工作减少各专业之间的协调错误，通过模型分析支持节能设计和碰撞检查，通过自动更新所有变更减少整个项目设计的失误。

Revit 作为一个 BIM 建模平台软件，与 AutoCAD 的不同点在于操作的对象不再是点、线、圆这些简单的几何对象，而是墙体、门、窗、梁、柱等建筑构件；在屏幕上建立和修改的不再是一堆没有建立起关联关系的点和线，而是由一个个建筑构件组成的建筑物整体。整个设计过程就是不断确定和修改各种建筑构件的参数，全面采用参数化设计方式。Revit 主要是面向建筑行业开发的，但其目前也广泛应用于很多基础设施建设行业，如桥梁、水利、水运、道路等。另外，BIM 的应用程序接口（application programming interface，API）可以支持相应的二次开发，在软件本身设计功能不足的时候，可以通过开发的手段来实现效率的提升。

第一章
AutoCAD 2018 快速入门

AutoCAD 2018 是 Autodesk 公司推出的较新版本。它完善了对高分辨率（4K）监视器的支持；增强了 PDF 文件的导入与输出和外部对照功能；增加了屏幕外对象选择功能；改进了快速访问工具栏；三维实体和曲面创建使用几何建模，改进了软件的安全性和稳定性。总之，AutoCAD 2018 简体中文版为中国的使用者提供了更高效、更直观的设计环境，使得设计人员使用更加得心应手。本章主要介绍 AutoCAD 2018 的功能、工作界面、文件管理和工作空间模式等。

第一节 功 能 简 介

本节主要介绍 AutoCAD 2018 的主要功能，包括基本绘图功能、辅助设计功能和开发定制功能。

一、基本绘图功能

（1）可绘制直线、构造线、多段线、圆、矩形、多边形、椭圆等基本图形。

（2）可对指定的封闭区域进行图案填充。

（3）可借助编辑命令绘制各种复杂的二维图形。

（4）标注图形尺寸，可显示对象的测量值，对象之间的距离、角度，或者特征与指定原点的距离。

（5）提供了线性、半径和角度三种基本的标注类型，可以进行水平、垂直、对齐、旋转、坐标、基线或连续等标注。

（6）可对二维对象或三维对象进行引线标注、公差标注，以及自定义粗糙度标注等。

（7）可创建 3D 实体及表面模型，能对实体本身进行编辑，可运用雾化、光源和材质，将模型渲染为具有真实感的图像。

（8）能轻易地在图形的任何位置和沿任何方向书写文字，可设定文字字体、倾斜角度及宽度缩放比例等属性。

（9）图形对象都位于某一图层上，可设定图层颜色、线型及线宽等特性。

二、辅助设计功能

（1）提供正交、极轴、对象捕捉及对象追踪等绘图辅助工具。正交功能使用户可以很方便地绘制水平和竖直直线，对象捕捉功能可帮助拾取几何对象上的特殊点，而对象追踪功能使画斜线及沿不同方向定位点变得更加容易。

（2）可将图形在网络上发布或是通过网络访问 AutoCAD 资源。

（3）可以将绘制完成的图形通过绘图仪或打印机输出，也可以其他格式进行保存或将其他格式的图形导入 AutoCAD 中。

（4）可进行参数化设计，约束图形几何特性和尺寸特性。

（5）可查询图形的长度、面积、体积、力学等特性。

三、开发定制功能

AutoCAD 2018 广泛应用于机械、电子、水利、土木、建筑和纺织等行业，为了让不同用户能定制和开发适用于本专业设计特点的功能，AutoCAD 2018 提供了强大的二次开发工具。

（1）具备强大的用户定制功能，用户可以按照自己的习惯将界面、快捷键、工具选项板、快捷命令等改造得更易于使用。

（2）具有良好的二次开发性，AutoCAD 2018 允许用户自定义菜单和工具栏，并能利用内嵌语言 AutoLISP、LISP、ARX、VBA、AutoCAD. NET 等开发适合特定行业使用的 CAD 产品。

第二节　工　作　界　面

打开 AutoCAD 2018，单击进入【草图与注释】的工作界面，如图 1-1 所示。该界面包含如下几个部分。

资源 1.1
工作界面

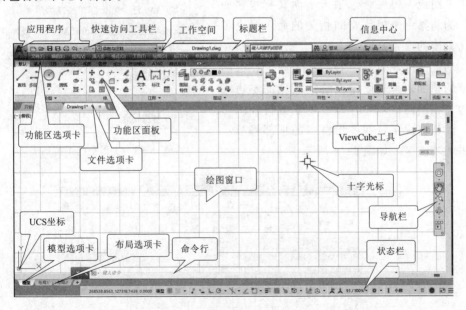

图 1-1　AutoCAD 2018【草图与注释】的工作界面

一、标题栏

如同 Windows 其他应用软件一样，在界面最上面中间位置是文件的标题栏，显示软件的名称和当前打开的文件名称，最右侧是标准 Windows 程序的【最小化】、【恢复窗口大小】和【关闭】按钮。

二、快速访问工具栏

快速访问工具栏位于【应用程序】按钮右侧，各部分详细作用如图 1-2 所示。它提供了对定义的命令集直接访问的功能。用户可以添加、删除和重新定位命令和控件。默认状态下，快速访问工具栏包括新建、打开、保存、另存为、打印、放弃、重做命令和工作空间控件。

图 1-2　快速访问工具栏

对于在 Windows 操作系统上运行的产品，工作空间是指功能区选项卡和面板、菜单、工具栏和选项板的集合，将它们进行编组来创建一个基于任务的绘图环境。单击工作空间控件，弹出工作空间下拉列表，如图 1-3 所示，显示了 Auto-CAD 2018 中可用的初始工作空间。选择工作空间名称就可以切换到相应的工作空间。不同的工作空间显示的图形界面有所不同，每个工作空间都显示有功能区和应用程序菜单。

三、功能区

（一）功能区基本设置

功能区按逻辑分组来组织工具，由多个选项卡组成，每一个选项卡下面又有很多面板，为与某一个工作空间相关的命令提供了简洁紧凑的放置区域。

功能区的放置有三种：水平固定在绘图区域的顶部；垂直固定在绘图区域的左边或右边；在绘图区域中浮动。创建或打开图形时，默认情况下，在图形窗口的顶部将显示水平的功能区，如图 1-4 所示。

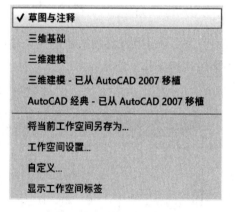

图 1-3　工作空间下拉列表

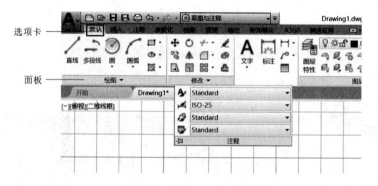

图 1-4　功能区选项卡和面板

功能区包含了设计绘图的绝大多数命令，用户只要单击选项卡面板上的按钮就可以激活相应命令。切换功能区选项卡上不同的标签，AutoCAD 2018 显示不同的面板。

右键单击功能区，见图1-5，可以对选项卡、面板和面板标题等的显示情况进行设置，"√"标记指示该项目将显示在面板中。此处也可以对功能区进行浮动设置。

图1-5 功能区右键单击列表

注：当误操作或者其他原因导致功能区等无法在界面中显示时，单击【应用程序】→【选项】→【配置】→【重置】，AutoCAD 2018的所有设置将恢复为初始设置。

（二）滑出式面板

单击面板标题中的箭头▼，面板将展开以显示其他工具和控件。默认情况下，当单击其他面板时，滑出式面板将自动关闭。要使面板保持关闭状态，单击滑出式面板左下角的图钉图标，如图1-6所示。

（三）对话框启动器

一些功能区面板提供了对该面板相关的对话框访问的功能。要显示相关的对话框，单击面板右下角处由箭头图标表示的对话框启动器（图1-7）。

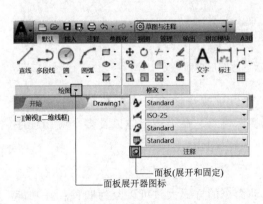

图1-6 滑出式面板

图1-7 对话框启动器

四、绘图窗口

软件窗口中最大的区域为绘图窗口。它是图形观察器，类似于照相机的取景器，从中可以直观地看到设计的效果。绘图窗口是绘图、编辑对象的工作区域，绘图区域可以扩展，在屏幕上显示的可能是图形的一部分或全部区域，用户可以通过缩放、平移等命令来控制图形的显示。

在绘图区域移动鼠标会看到一个十字光标在移动，这就是图形光标。绘制图形时图形光标显示为十字形"＋"，拾取编辑对象时图形光标显示为拾取框"□"。

绘图窗口左下角是 AutoCAD 2018 的直角坐标系显示标志，用于指示图形设计的平面。窗口底部有一个模型标签和一个以上的布局标签 模型 布局1 布局2 ，在 AutoCAD 2018 中有两个空间——模型代表模型空间和布局代表图纸空间，单击标签可在这两个空间中切换。

绘图窗口是用户在设计和绘图时最为关注的区域，因为所有的图形都在这里显示，所以要尽可能保证绘图窗口大一些。利用全屏显示命令，可以使屏幕上只显示快速访问工具栏、状态栏和命令行，从而扩大绘图窗口。单击状态栏右下角全屏显示按钮或使用快捷键【Ctrl＋0】，激活全屏显示命令。AutoCAD 2018 图形界面全屏显示如图 1-8 所示。再次单击全屏显示按钮或使用快捷键【Ctrl＋0】，恢复原来界面设置。

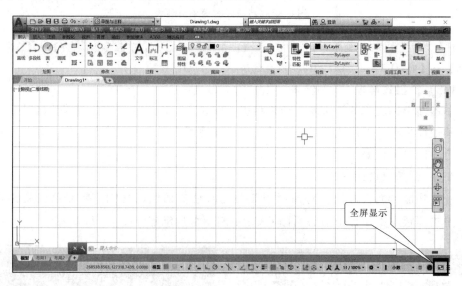

图 1-8　全屏显示下的图形界面

单击【应用程序】→【选项】对话框，可以更改绘图窗口中颜色主题、背景颜色、十字光标、夹点、默认文件路径、工具提示显示、命令行字体以及多个应用程序属性的设置。

五、命令行

命令是指告诉程序如何操作的指令。启动命令的方式大致可以分为四种：在功能区、工具栏或菜单中进行选择；在动态输入工具提示中输入命令；从工具选项板中拖动自定义命令；在命令行窗口中输入命令。

在绘图窗口下面是一个输入命令和反馈命令参数提示的区域，称之为命令窗口，也称为命令提示窗口和命令行。命令行是最常用的输入命令的窗口。默认设置显示三行命令，如图 1-9 所示。

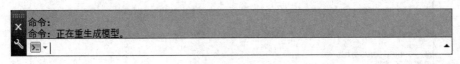

图 1-9　命令行窗口

AutoCAD 2018 里所有的命令都可以在命令行实现。比如需要画多段线，单击功能区【默认】标签→【绘图】面板→【多段线】命令，可以激活画多段线命令；直接在命令行输入 Pline 或者直线命令的快捷命令 Pl，也可以激活画多段线命令。当命令执行后，命令行总是给出下一步要如何做的提示。如多段线命令激活后，提示"PLINE 指定起点:"；指定多段线起点后，提示"PLINE 指定下一个点或［圆弧（A）半宽（H）长度（L）放弃（U）宽度（W）］:"，如图 1-10 所示。在此情况下，默认值是指定下一点。可以输入（X、Y）坐标值或单击绘图区域中的某个位置。要选择不同的选项，单击该选项。如果愿意使用键盘，可通过输入提示的字母指定选项完成图形绘制。例如，要选择"长度"选项，可以输入"L"，然后按【Enter】键。

图 1-10　正在执行的命令行

命令行本身很重要，它除了可以激活命令外，还是 AutoCAD 2018 中最重要的人机交互的地方。也就是说，输入命令后，命令行窗口要提示用户一步一步进行选项的设定和参数的输入，而且在命令行中还可以修改系统变量，所有的操作过程都会记录在命令行中。

命令行的显示行数可以调节，将光标移至命令行和绘图窗口的分界线时，光标会变化为"↕"，这时拖动光标可以调节命令行的显示行数。

如果想查看命令行中已经运行过的命令，可以按功能键【F2】进行切换，Auto-CAD 2018 将弹出文本窗口（图 1-11），记录了命令运行的过程和参数设置。默认文本窗口一共有 500 行。

可以选择命令行左侧的标题处并拖动使其成为浮动窗口，并且可以将其放置在图形界面的任意位置，AutoCAD 2018 浮动的命令行比以往更加简洁，半透明的提示历史记录可显示多达 50 行，如图 1-12 所示。用鼠标单击命令窗口的自定义按钮，弹出如图 1-13 所示的菜单。该菜单中显示出可以对命令窗口进行的各种操作。在输入命令时，自动完成命令输入首字符、中间字符串搜索、同义词建议、自动更正错误命令等。

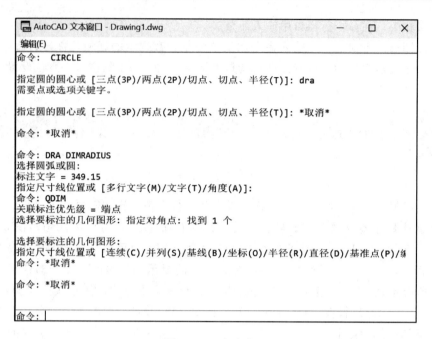

图 1-11　文本窗口

图 1-12　浮动的命令行半透明提示历史记录

图 1-13　命令行自定义菜单

六、状态栏

命令行下面有一个反映操作状态的状态栏，如图 1-14 所示。

图1-14 状态栏

（一）打开和关闭

在命令行中输入Statusbar，然后输入1可打开状态栏，输入0（零）可关闭状态栏。

（二）固定方式

在【模型】或【布局】选项卡上单击鼠标右键，然后选择【在状态栏上方固定】或【与状态栏对齐固定】。

（三）工具显示及更改

状态栏显示光标位置、绘图工具以及会影响绘图环境的工具。状态栏提供对某些最常用的绘图工具的快速访问，如图1-15所示的图形栅格开关设置。除此之外可以切换其他设置（例如夹点、捕捉、极轴追踪和对象捕捉），也可以通过单击某些工具的下拉箭头来访问其他设置。默认情况下，不会显示所有工具，可以通过单击状态栏最右端的自定义按钮【≡】选择显示的工具。状态栏上显示的工具可能会发生变化，具体取决于当前的工作空间以及当前显示的是【模型】选项卡还是【布局】选项卡。

图1-15 状态栏上图形栅格开关设置

（四）状态栏各工具的作用

状态栏左侧的数字显示为当前光标的X、Y、Z坐标值；模型空间用来控制当前图形设计是在模型空间还是布局空间；绘图辅助工具用来帮助快速、精确地作图；注释工具可以显示注释比例及可见性；工作空间菜单方便用户切换不同的工作空间；隔离对象或控制对象在当前图形上显示与否。

七、菜单栏

打开AutoCAD 2018，默认情况下菜单栏并不显示，可以从快速访问工具栏下拉列表快速启用菜单栏以自定义用户界面，如图1-16所示；也可以在命令行输入Menubar命令以隐藏（0）或显示（1）菜单栏，如图1-17所示。

图1-16 启用菜单栏

图 1-17　显示菜单栏

第三节　文　件　管　理

资源 1.2
文件管理

AutoCAD 2018 图形文件管理方法有多种，这里只介绍文件的新建、打开和保存等操作。

一、新建文件

在 AutoCAD 2018 中创建新图形文件可通过下述几种方法：

（1）单击【应用程序】按钮 → 【新建】按钮。

（2）单击快速访问工具栏上的【新建】按钮。

（3）单击文件选择卡（视图）图标。

（4）命令行：New√（√表示回车，下同）。

（5）快捷键【Ctrl＋N】。

执行命令后，AutoCAD 2018 弹出【选择样板】对话框，如图 1-18 所示。

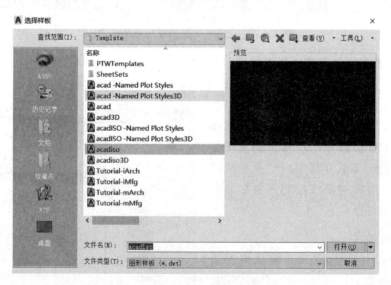

图 1-18　【选择样板】对话框

在【选择样板】对话框的列表中列出了系统提供的多种样板文件供选择。样板文件中通常包含一些绘图环境的设置，如图层、线型、字体样式和尺寸标注样式等。选择其中一个样本，单击【打开】按钮，新的图形文件就创建成功了。

二、打开文件

打开已有的图形文件可通过下面几种方法：

（1）单击【应用程序】按钮 → 【打开】按钮 。

（2）单击快速访问工具栏上的【打开】按钮 。

（3）命令行：Open✓。

（4）快捷键【Ctrl＋O】。

AutoCAD 2018 打开文件提供了全局打开和局部打开两种模式。

1. 全局打开

（1）单击快速访问工具栏上的【打开】按钮 ，AutoCAD 2018 弹出【选择文件】对话框，如图 1-19 所示。在 AutoCAD 2018 的 Sample 子目录中，存放了很多使用 AutoCAD 2018 绘制的样例图形文件，AutoCAD 2018 使用的文件后缀名是".dwg"。

（2）选择其中的一个文件，单击【打开】按钮或双击文件名，便可打开该文件。

图 1-19　【选择文件】对话框

2. 局部打开

AutoCAD 2018 提供了局部打开的功能。如果一个文件很大，打开和编辑起来都要花费很多时间，而打开后仅有很少的部分需要改动，此时便可以使用局部打开功能。局部打开是基于图层的技术，有选择地打开部分需要的图层。

局部打开文件的步骤如下：

（1）选择要打开的文件，然后单击【打开】按钮旁边的▼按钮，从弹出的下拉选项中选择【局部打开】选项，如图 1-20 所示。

（2）打开【局部打开】对话框，如图 1-21 所示。在"要加载几何图形的视图"中选择模型空间的视图，默认为"范围"；在"要加载几何图形的图层"选项区域选

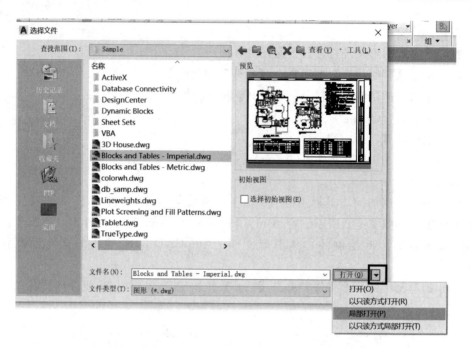

图 1-20　选择【局部打开】选项

取想要打开的图层复选框，然后再单击【打开】按钮，这个图形便被局部打开了。因为局部打开图形仅打开部分图层，所以打开和编辑起来都节约了大量时间。对于已经局部打开的图形，使用 Partiaload 命令可以打开【局部加载】对话框（与【局部打开】对话框相似），在该对话框中可以有选择地将其他几何图形从视图、选定区域或图层中再加载到图形中。

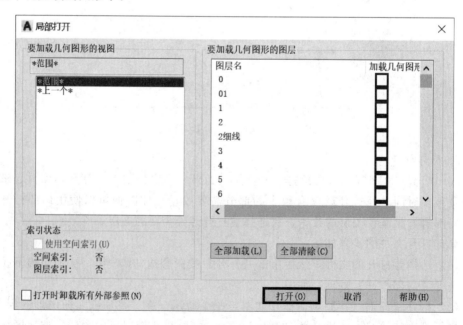

图 1-21　【局部打开】对话框

如果要同时浏览多个文件，还可以利用 AutoCAD 2018 的多文档工作环境，一次同时打开多个图形文件，在文件选项卡中选择文件。在多文档之间还可以相互复制图形对象，但只能在一个文档上工作。

三、保存文件

当图形创建好以后，如果用户希望把它保存到硬盘上，可以保存文件。调用保存命令的方法如下：

(1) 单击【应用程序】按钮 → 【保存】按钮 。

(2) 单击【应用程序】按钮 → 【另存为】按钮 。

(3) 单击快速访问工具栏上的【保存】按钮 。

(4) 命令行：Save（Saveas）✓。

(5) 命令行：Qsave✓。

(6) 快捷键【Ctrl＋S】（或【Ctrl＋Shift＋S】）。

单击快速访问工具栏上的【保存】按钮，弹出【图形另存为】对话框，如图 1 - 22 所示。在此对话框中指定文件名和保存路径，默认的文件类型格式为 AutoCAD 2018 格式，还可以选择其他文件类型格式来保存文件。单击"文件类型"选项，在弹出的下拉列表中选择保存文件的格式，如图 1 - 23 所示，然后单击【保存】按钮即可把前面所做的图形文件按指定的文件格式保存起来。

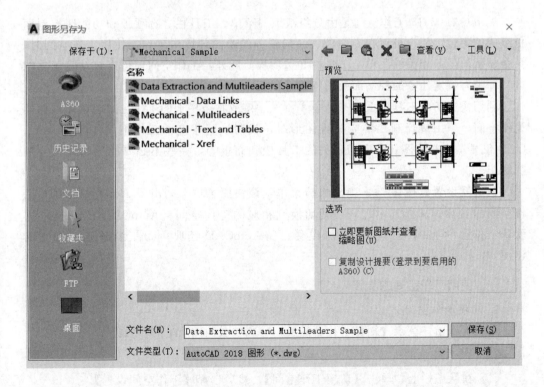

图 1 - 22 【图形另存为】对话框

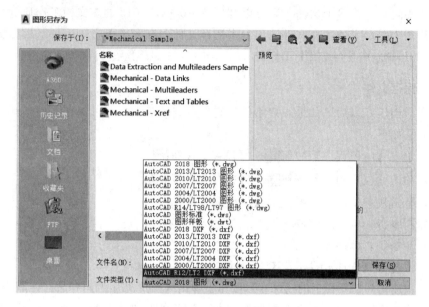

图 1-23 选择保存文件的格式

第四节 工 作 空 间 模 式

AutoCAD 2018 工作空间是由分组组织的菜单、工具栏、选项板和功能区控制面板组成的集合，用户可以在专门的、面向任务的绘图环境中工作。使用工作空间时，只会显示与任务相关的菜单、工具栏和选项板。此外，工作空间还可以自动显示功能区，即带有特定任务的控制面板的特殊选项板。

利用快速访问工具栏上的 AutoCAD 经典 或状态栏上的工作空间按钮可以切换工作空间。当用户绘制二维或三维图形时，就切换到相应的工作空间，此时 Auto-CAD 仅显示出与绘图任务密切相关的工具栏和面板等，一些不必要的界面元素会被隐藏。

单击【设置】按钮，弹出快捷菜单，该快捷菜单上列出了 AutoCAD 2018 工作空间的名称，选择其中之一，就切换到相应的工作空间。AutoCAD 2018 提供的默认工作空间有四个：①草图与注释；②AutoCAD 经典；③三维基础；④三维建模。

一、使用工作空间的步骤

1. 切换工作空间

在状态栏中，单击【切换工作空间】，然后选择要使用的工作空间。

2. 更改工作空间设置

（1）在状态栏上，单击【切换工作空间】，然后选择【工作空间设置】。

（2）在【工作空间设置】对话框中，根据需要更改工作空间设置。

3. 保存工作空间

（1）在状态栏上，单击【切换工作空间】，选择【将当前工作空间另存为】。

（2）在【保存工作空间】对话框中，输入新工作空间的名称或从下拉列表中选择一个名称。

（3）单击【保存】。

二、草图与注释工作空间

AutoCAD 2018【草图与注释】的工作界面包含标题栏、快速访问工具栏、功能区、绘图窗口、命令行、菜单栏、状态栏几个部分。草图与注释工作空间就是常用的二维空间，界面从上至下依次是快速访问工具栏、菜单栏、功能区、文件选项卡、绘图窗口、布局选项卡、状态栏，详见图 1-1。

三、AutoCAD 经典工作空间

下面介绍如何在 AutoCAD 2018 中添加经典界面（AutoCAD 经典）。首先需要到网络上下载相应的 CUIX 文件。打开 AutoCAD 软件，单击状态栏中的【切换工作空间】按钮，选择【自定义】，单击【传输】进入传输界面，在弹出的窗口右侧的新文件中选择【打开自定义文件】 ，单击 CAD 经典工作空间文件，返回传输界面，将右侧的 AutoCAD 经典工作空间粘贴至左侧，最后再次单击【切换工作空间】按钮选择【AutoCAD 经典】，即完成【AutoCAD 经典】工作界面的设置。

该界面显示了二维绘图特有的工具，如图 1-24 所示。

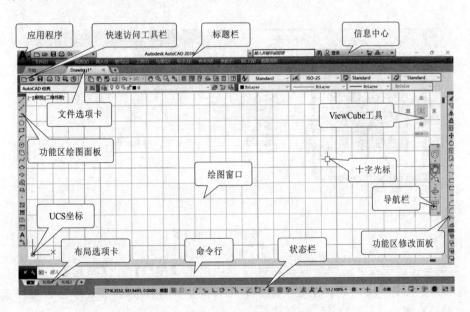

图 1-24　【AutoCAD 经典】的工作界面

四、三维工作空间

传统的工程设计图纸只能表现二维图形，即使是三维轴测图也是设计人员利用轴测图画法把三维模型绘制在二维图纸上，本质上仍然是二维的。

AutoCAD 2018 专门为三维建模设置了三维的工作空间，需要使用时，只要从状态栏工作空间的列表中选择【三维建模】即可，详见第七章。

五、图纸空间

在 AutoCAD 2018 中有两个工作空间，分别是模型空间和图纸空间（布局）。通常在模型空间 1∶1 进行设计绘图；为了与其他设计人员交流，进行产品生产加工，或者工程施工，需要输出图纸，这就需要在图纸空间进行排版，即规划视图的位置与大小，将不同比例的视图安排在一张图纸上，并对它们标注尺寸，给图纸加上图框、标题栏、文字注释等内容，然后打印输出。

图纸空间的"图纸"与真实的图纸相对应，图纸空间是设置、管理视图的 AutoCAD 环境。在图纸空间可以按模型对象不同方位显示视图，并按合适的比例在"图纸"上表示出来，还可以定义图纸的大小、生成图框和标题栏。

默认情况下，AutoCAD 2018 的绘图环境是模型空间。单击文件选项卡右侧的【新图形】按钮，打开新图形后，绘图窗口中仅显示出模型空间中的图形。悬浮在文件选项卡上显示当前图形的图纸空间预览图，如图 1-25 所示，它们分别代表模型空间中的图形、布局 1 上的图形、布局 2 上的图形。在实际工作中，常需要在图纸空间和模型空间之间相互切换。切换方法很简单，单击绘图区域下方的【布局】及【模型】选项卡即可。

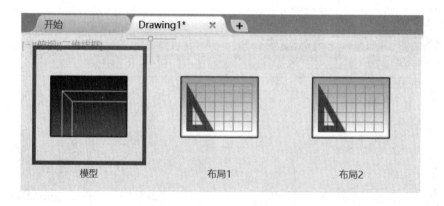

图 1-25　图纸空间中的预览图

草图与注释模式下创建新的布局可以直接单击【模型】和【布局】选项卡右侧【新建布局】图标，或者在【模型】和【布局】选项卡的空白处单击右键后选择【新建布局】即可。

AutoCAD 经典模式下创建新的布局有两种方式：

（1）直接单击左下角【新建布局】图标。

（2）在菜单栏的【插入】选项中，选择【布局】选项，单击【新建布局】按钮也可以得到新的布局。如图 1-26 所示。

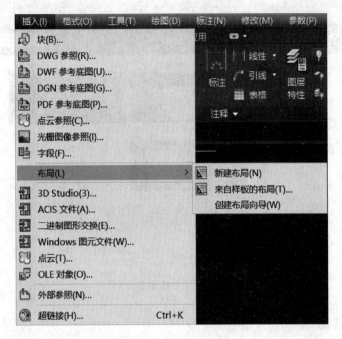

图 1-26　创建新的布局

第五节　帮助功能介绍

用户在学习使用 AutoCAD 2018 的过程中，可能会遇到一系列的问题和困难，AutoCAD 2018 中文版提供了详细的中文在线帮助，使用这些帮助可以快速地解决设计中遇到的各种问题。

在 AutoCAD 2018 中启用在线帮助系统的方法主要有直接启用和定位查找。

一、直接启用

（1）在【信息中心】中单击【帮助】按钮 或 即可启用在线帮助窗口。

（2）单击【应用程序】 →【选项】→右下角的【帮助】，也可启用在线帮助窗口。

（3）直接按下键盘上的功能键【F1】也可启用在线帮助窗口。

（4）在命令行中直接输入"Help"或"？（英文状态下）"，随后按下回车键启用在线帮助窗口。

在线帮助窗口如图 1-27 所示。

随后在左侧栏中通过选择列出的不同的教程或命令，逐级进入并查到相关命令的定义或相关解释等详细信息；或者在搜索栏中输入要查询的命令或相关词语，Autodesk 将显示检索到的相关命令的详细说明；还可以通过链接进入 Autodesk 社区或讨论组等，得到相关的技术帮助。

图 1 - 27　在线帮助窗口

二、定位查找

（1）以画多段线命令为例，此时命令行提示：

> 命令:Pline
> 指定起点:

在此状态下直接按下快捷键【F1】，则可调用在线帮助，且直接显示多段线命令的解释说明，以方便用户查看，如图 1 - 28 所示。

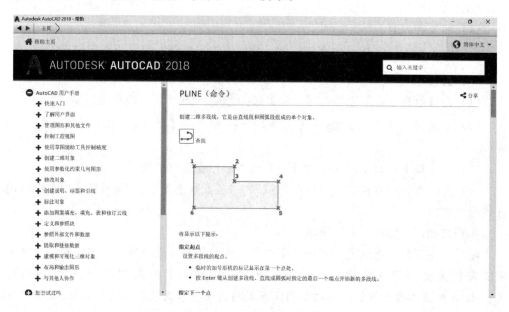

图 1 - 28　定位在线帮助窗口

（2）将鼠标在某个命令按钮上悬停也能弹出关于该命令的帮助提示，如图 1 - 29 所示。

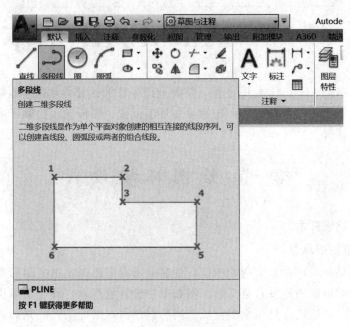

图 1 - 29　定位【帮助】提示

第二章

AutoCAD 基本知识

在利用 AutoCAD 2018 绘图之前，需要进行必要的设置并掌握基本操作方法，本章主要介绍绘图之前的准备工作，包括绘图环境设置、图形显示控制、命令操作方法和对象选择方法等。

第一节 绘 图 环 境 设 置

一、基本绘图环境

（一）设置图形单位

图形单位是在设计中所采用的单位，创建的所有对象都是根据图形单位进行测量的。单位设置对单张图是没有意义的，例如单位设置成毫米，画 1 个单位长的线，再将单位改成米，这条线还是 1 个单位长。因为在单位对话框设置的是插入单位，也就是不同单位图纸合并的时候进行单位转换时用的。

在 AutoCAD 2018 中设置图形单位的方法有如下两种：

（1）单击【应用程序】按钮 ▲ →【图形实用工具】 🗐 →【单位】 0.0 。

此时命令行提示：

命令:Units

图 2-1 【图形单位】对话框

（2）直接在命令行输入命令：Units。

按下回车键，就会弹出【图形单位】对话框，如图 2-1 所示。

1. 长度单位

（1）单位类型。AutoCAD 2018 提供 5 种长度单位类型，即"分数""工程""建筑""科学"和"小数"，如图 2-2 所示。

（2）长度精度。图形单位是设置了一种数据的计量格式，AutoCAD 2018 的绘图单位本身是无量纲的，用户在绘图的时候可以自己将单位视为绘制图形的实际单位，如毫米、米、千米等，通常公制图形将这个单位视为毫米（mm）。

对于工程专业，通常选择"0.00"，精确到小数点后 2 位；也可以选择"0"，只精确到整数位，如图 2-3 所示。

　　确定了长度的类型和精度后，状态栏的左边将按此种类型和精度显示鼠标所在位置的点坐标。例如长度类型为小数，精度为 0.00 时，状态栏左边显示为：

3058.46, 810.54, 0.00 模型

图 2-2　长度单位类型　　　　　　　　图 2-3　长度精度

　　(3) 单位缩放。它控制插入到当前图形中的块和图形的测量单位。如果块或图形创建时使用的单位与该选项指定的单位不同，则在插入这些块或图形时，将对其按比例缩放。插入比例是图形使用的单位与目标图形使用的单位之比。如果插入块时不按指定单位缩放，请选择"无单位"。

　　(4) 光源强度。在"光源"选项区域中，指定用于控制当前图形中光源强度的测量单位。

　　2. 角度单位

　　角度精度通常选择"0"。"顺时针"复选框指定角度的测量正方向，默认情况下采用逆时针方式为正方向。

　　在这里设置的单位精度仅表示测量值的显示精度，并非 AutoCAD 2018 内部计算使用的精度，AutoCAD 2018 使用了更高精度的运算值以保证精确制图。

　　3. 方向设置

　　在【图形单位】对话框底部单击【方向】按钮，弹出【方向控制】对话框，如图 2-4 所示。

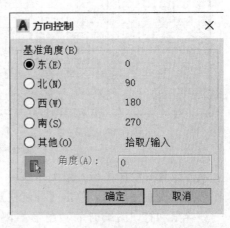

图 2-4　图形单位【方向控制】对话框

23

在对话框中定义起始角（0°角）的方位，通常将"东"作为 0°角的方向，也可以选择其他方向（如：北、西、南）或任一角度（选择其他，然后在角度文本框中输入值）作为 0°角的方向，单击【确定】按钮退出【方向控制】对话框。最后，单击【图形单位】对话框中的【确定】按钮，完成对 AutoCAD 2018 绘图单位的设置。

（二）设置绘图区域

资源 2.2
设置绘图
区域

在 AutoCAD 2018 中进行设计和绘图的工作环境是一个无限大的空间，即模型空间，它是一个绘图的窗口。在模型空间中进行设计，可以不受图纸大小的约束。绘图区域即图形界限，是指绘图的区域大小，如 A1 的图形大小为 841mm×594mm。在水利、机械、建筑、运输、给排水、暖通、电气等专业领域中，通常需要按照 1∶1（一个图形单位对应 1mm）的比例设置图形界限，这样可以在工程项目的设计中保证各个专业之间的协同，在打印输出时可以按照指定的比例进行输出。

设置绘图区域是将所绘制的图形布置在这个区域之内，绘图区域可以根据实际情况随时进行调整。在 AutoCAD 2018 中设置绘图区域的步骤如下：

在命令行输入"Limits"，然后按下回车键，此时命令行提示如下：

> 命令：Limits
> 重新设置模型空间界限：
> 指定左下角点或［开（ON）关（OFF）］<0,0>：

由左下角的点和右上角的点所确定的矩形区域为图形界限。通常不改变图形界限左下角的点的位置，只需给出右上角的点的坐标，即区域的宽度和高度值。默认的绘图区域为 421mm×297mm，这是国标 A3 图幅。输入 Limits 后，命令行分别显示左下角和右上角点的坐标值。在实际设置图形界限时，如设置成 A1 图纸尺寸，输入 Limits 后，图形界限的左下角坐标为默认值，右上角坐标输入（841，594）即可完成图形界限的设置，如图 2-5 所示。

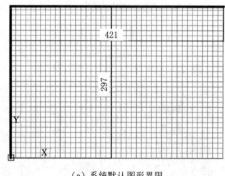

（a）系统默认图形界限

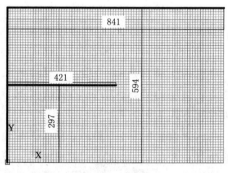

（b）设置后图形界限

图 2-5　绘图区域

实际设置时绘图区域一般大于实际尺寸，并和标准图纸之间有一定的匹配关系，当图形界限设置完毕后，单击【导航栏】→【范围缩放】按钮可以观察整个图形。

该界限和打印图纸时的"图形界限"选项是相同的，只要关闭绘图界限检查，AutoCAD 2018 并不限制将图线绘制到图形界限外。

（三）设置坐标系

绘制精确的图形是设计的重要依据，绘图的关键是精确地给出输入点的坐标，在 AutoCAD 2018 中采用笛卡儿坐标系（直角坐标）和极坐标系两种确定坐标的方式，右击状态栏绘图辅助工具的【动态输入】按钮 ，单击【动态输入设置】，打开【草图设置】对话框，单击【启用指针输入】选择框中的【设置】，可以查看和修改当前使用的坐标系；同时系统也提供了世界坐标系（WCS）和用户坐标系（UCS），方便建立三维模型。

资源 2.3
设置坐标系

1. 世界坐标系和用户坐标系

系统初始设置的坐标系为 WCS，坐标原点在屏幕绘图窗口左下角，固定不变。在进行三维设计时，用户可以利用 AutoCAD 2018 提供的 UCS，修改坐标系的原点和坐标轴方向来创建用户坐标系以适应绘图需要，也可以控制坐标系图标是否在原点显示，在【视图】→【视口工具】→【UCS 图标】中可以打开或者关闭坐标系。

设置坐标系过程是：在坐标系图标上右击，在弹出的快捷菜单上选择【UCS 图标设置】，选择"在原点显示 UCS 图标"，如图 2-6 所示。默认情况下，在原点（0，0）处显示坐标系图标，否则将在屏幕的左下角显示坐标系图标。

工程中 UCS 应用很方便，主要体现为：①可标注任意位置坐标，先确定一个基点，接着把 UCS 原点调整到这个基点，然后再进行坐标标注；②可绘制倾斜图纸，实际工程的倾斜图纸十分常见，因此需要对 UCS 坐标系进行旋转。UCS 的使用方法详见图 2-7 和图 2-8。

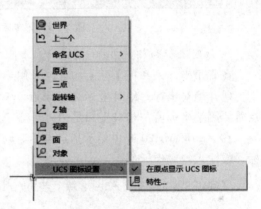

图 2-6　坐标系设置

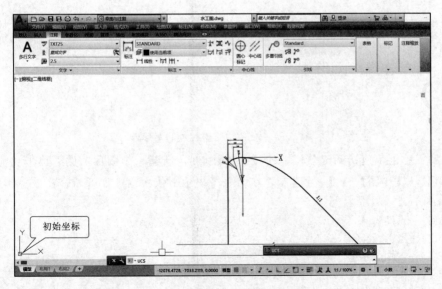

图 2-7　初始坐标下的用户坐标系

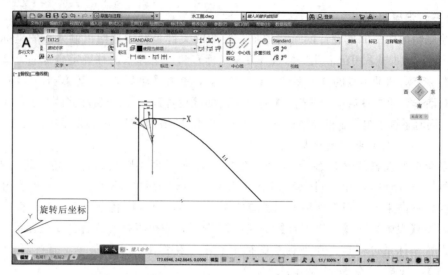

图 2-8　旋转后的用户坐标系

2. 绝对坐标和相对坐标

在直角坐标系和极坐标系均可以采用绝对坐标或相对坐标的方式绘制图形。

（1）绝对坐标。绝对坐标是以原点（0，0，0）为基点定位所有的点，定位一个点需要测量坐标值。相对坐标是相对于前一点的偏移值。

在 AutoCAD 2018 中提示指定点的时候，可以使用鼠标在绘图区域中拾取点的坐标，或输入绝对坐标值。

【实例 2-1】　在已知图形每个点的绝对坐标的情况下绘制如图 2-9 所示的图形。

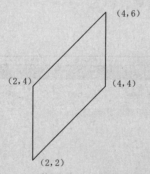

图 2-9　使用绝对坐标绘制图形

解：单击快速访问工具栏上的【新建】，新建一个图形，然后单击功能区【常用】→【绘图】→【直线】，在命令行提示下依次输入如下内容：

命令：Line✓
指定第一点：2,2✓
指定下一点或[放弃(U)]：2,4✓
指定下一点或[放弃(U)]：4,6✓
指定下一点或[闭合(C)放弃(U)]：4,4✓
指定下一点或[闭合(C)放弃(U)]：C✓（首尾相连，封闭图形）

(2) 相对坐标。在实际绘图的过程中，已知尺寸往往是图形中各点之间的相对位置。因此，经常使用的是相对坐标的方式，如果输入相对坐标，则在坐标值前加一个"@"符号，如：相对直角坐标，@30，50；相对极坐标，@4＜135。

【实例2-2】 用相对坐标绘制如图2-10所示的图形。

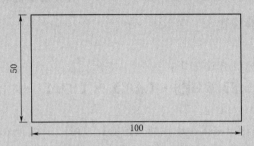

图2-10 使用相对坐标绘制图形

解： 单击快速访问工具栏上的【新建】 ，新建一个图形，然后单击功能区【常用】→【绘图】面板→【直线】命令 ，在命令行提示下依次输入如下内容：

命令：Line
指定第一点：(鼠标在屏幕任意点单击)
指定下一点或[放弃(U)]：@100,0↙
指定下一点或[放弃(U)]：@0,50↙
指定下一点或[闭合(C)放弃(U)]：@-100,0↙
指定下一点或[闭合(C)放弃(U)]：C↙(首尾相连，封闭图形)

为了简化相对坐标的输入，CAD提供了"动态输入"的方式，打开时在输入相对坐标时可以不输入@符号。单击菜单栏【工具】→【绘图设置】或者单击状态栏绘图辅助工具的【动态输入】按钮 ，均可以打开或者关闭动态输入。

AutoCAD 2018状态栏上动态显示光标所在位置的坐标，显示的坐标可以是绝对直角坐标，也可以是相对极坐标，这由系统变量Coords来控制。当Coords＝1时，动态显示光标绝对直角坐标；当Coords＝2时，若未执行命令，动态显示光标绝对直角坐标，若执行命令，显示与上一点的相对极坐标；当Coords＝0时，坐标灰显，仅对指定点才会更新定点设备的绝对坐标。直接单击状态栏的坐标，Coords将在0和2之间切换，也可以在命令行中修改系统变量，在命令行提示下依次输入如下内容：

命令：Coords↙
输入Coords的新值＜1＞：(直接输入数值后按回车键结束命令)

3. **直接距离输入坐标和动态输入**

输入坐标最方便的方法称为直接距离输入。在执行命令并指定了第一个点以后，通过移动光标指示方向，然后输入相对于第一点的距离，即用相对极坐标的方式确定点。这是一种快速指定直线长度的好方法，特别是配合正交或极轴追踪一起使用的时候更为方便。

AutoCAD 2018 中用动态输入的方式来输入坐标，更加直观快捷，这可以视为直接距离输入坐标的一种扩充。如图 2-11 所示，在需要输入坐标的时候，AutoCAD 2018 会跟随光标显示动态输入框，此时可以直接输入距离值，然后按【Tab】键切换到下一个输入框，输入角度值。此法等同于输入相对极坐标值。输入数值后，按逗号切换到下一个输入框，再输入数值，等同于输入相对直角坐标。

二、精确绘图环境设置

（一）十字光标

调用设置十字光标的方法如下：

（1）单击【应用程序】按钮→【选项】→【显示】→"十字光标大小"。

（2）命令行：Options↙。

在绘图窗口单击右键，在菜单中找到【选项】，如图 2-12 所示，单击后弹出【选项】对话框，选择【显示】，就可以看到十字光标大小，系统默认为 5，如图 2-13 所示。

资源 2.4
设置精确
绘图环境

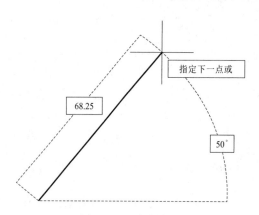

图 2-11　动态输入

图 2-12　右键菜单图

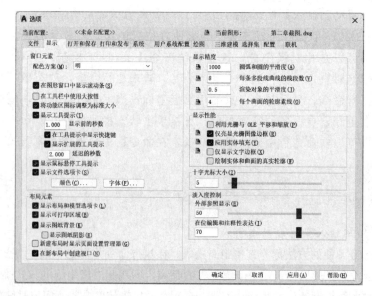

图 2-13　【选项】对话框

（二）辅助绘图工具

AutoCAD 提供的辅助绘图工具主要显示在状态栏上，绘图工具主要包括栅格、正交与极轴、对象捕捉等，如图 2-14 所示。

1. 栅格

栅格是一些按指定间距排列的规则点，仅显示在绘图界限范围内。使用栅格

图 2-14　应用程序状态栏上的辅助绘图工具

类似于在图形下放置一张坐标纸，利用栅格可以对齐对象并直观显示对象之间的距离，栅格不能被打印。单击应用程序状态栏的【栅格】按钮或者按【F7】键可以打开或关闭栅格显示。在 AutoCAD 2018 默认的新图设置中，打开如图 2-15 所示的栅格显示。

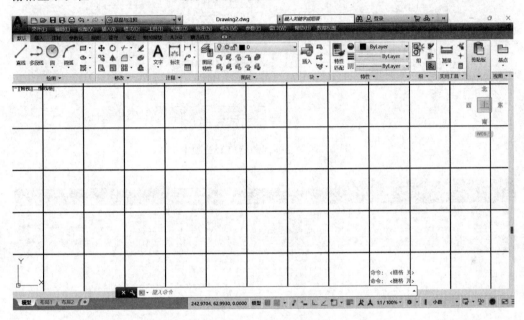

图 2-15　栅格显示

激活栅格设置的方法如下：

（1）状态栏：右击【栅格】▦→【网格设置】→【捕捉和栅格】。

（2）命令行：Grid↙。

执行命令后，弹出【草图设置】对话框的【捕捉和栅格】选项卡，如图 2-16 所示。

在"栅格间距"选项组中，可设置"栅格 X 轴间距（N）"和"栅格 Y 轴间距（I）"，二者间距可以相等，也可以不相等，一般设置为相等，默认值为 10。

在"栅格行为"选项组中，"自适应栅格（A）"是指如果放大或缩小图形，将会自动调整栅格间距，使其更适合新显示的比例，称为自适应栅格显示。

在"栅格样式"中可以选择是否在二维模型空间、块编辑器或图纸/布局中以"点阵"样式显示栅格，如选择"二维模型空间"，则屏幕显示如图 2-17 所示。

2. 正交

利用正交工具可方便地绘制出与当前坐标轴平行的直线，默认状态下光标只能沿水平或竖直方向移动。

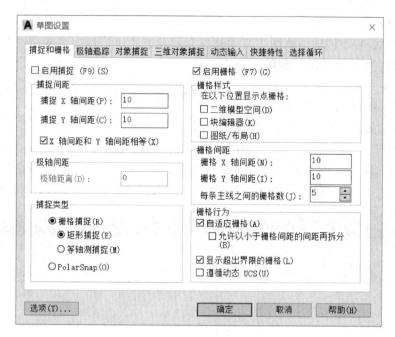

图 2-16　【捕捉和栅格】选项卡

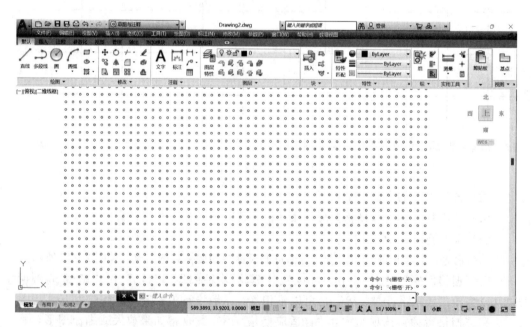

图 2-17　以"点阵"样式显示栅格

打开或关闭正交工具，可采用以下几种方法：

（1）键盘输入法：Ortho。

（2）功能键法：F8。

（3）状态栏法：在状态栏单击【正交】开关按钮。

正交功能打开后，用鼠标定位点时，只能控制在水平或垂直方向，除非捕捉了某特征点。默认状态下，在绘制直线时，只需输入直线的长度值，便可沿鼠标引导控制的方向绘制出指定长度的直线。

3. 极轴

启动极轴追踪功能后，当光标经过所设置极轴增量角及其倍角的方向时，将形成一条辅助追踪线并有工具栏提示，沿着这条辅助线很容易追踪到所需点。

使用极轴捕捉，光标将沿极轴角按指定增量进行移动，通过极轴角的设置，可以在绘图时捕捉到各种预先设置好的角度方向。在 AutoCAD 的动态输入中可以直接显示当前光标点的角度。单击应用程序状态栏的【极轴】按钮，或者按【F10】键可以打开或关闭【极轴】追踪工具。

激活极轴设置的方法如下：

（1）状态栏：右击【极轴追踪】⟲ →【正在追踪设置】→【草图设置】→【极轴追踪】。

（2）命令行：Dsettings↙。

在绘制图形的过程中，打开极轴后，当光标靠近设置的极轴角时就可以出现高亮显示的极轴追踪线和角度值，如图 2-18 所示。显示极轴追踪线时指定的点将采用极轴追踪角度，这可以方便地绘制各种设置极轴角度方向的图线。

在应用程序状态栏【极轴】按钮上右击，在弹出的快捷菜单中选择角度，如图 2-19 所示，则 AutoCAD 按 0°和选定角度的整数倍角度进行追踪。

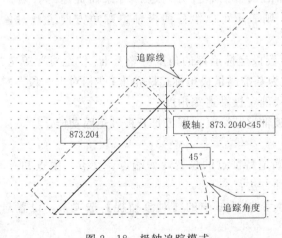

图 2-18 极轴追踪模式

图 2-19 【极轴】
右键快捷菜单

【草图设置】对话框中的【极轴追踪】选项卡可以设置极轴追踪，如图 2-20 所示。

"极轴角设置"选项组：在"增量角"下拉列表中可设置极轴追踪角度，也可以手动键入追踪角度。若该角度输入为 30°，则当光标经过 0°、30°、60°等 30°角及其倍角时，系统都会显示一条辅助追踪线。"附加角"与"增量角"相似，但只有当光标经过与设置的"附加角"相同的角度时，系统才会显示一条辅助追踪线。

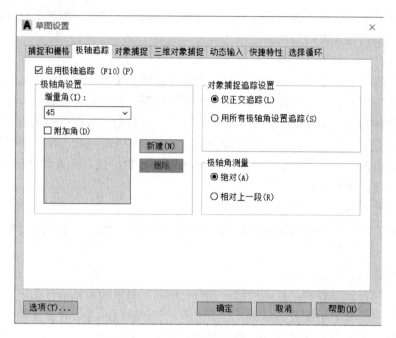

图 2-20　【极轴追踪】选项卡

"对象捕捉追踪设置"选项组：可设置对象捕捉追踪的模式。若"仅正交追踪"功能打开，表示只允许光标沿水平或竖直方向进行对象捕捉追踪；若"用所有极轴角设置追踪"功能打开，则表示可以沿任何极轴追踪角方向进行对象捕捉追踪。

"极轴角测量"选项组：可设置极坐标追踪的角度测量基准。"绝对"单选按钮，表示以当前坐标系的 X 轴正方向为基准测量极坐标追踪角度；"相对上一段"单选按钮，表示基于所绘制的上一直线段确定极轴追踪角度。

在该选项卡中，勾选"启用极轴追踪"复选框可打开极轴追踪功能。

4. 对象捕捉

对象捕捉就是在已有图形上确定特征点的位置，如端点、交点、中点和圆心等，对象捕捉的设置可以通过下述三种方法：

（1）状态栏：单击【草图设置】对话框中的【对象捕捉】选项卡，设置对象捕捉点。

（2）功能键法：F13。

（3）状态栏法：单击【对象追踪】开关按钮 ✐。

对象捕捉是在指定点的过程中选择一个特定的捕捉点，指定对象捕捉时，光标将变为对象捕捉靶框。选择对象时，AutoCAD 将捕捉离靶框中心最近的符合条件的捕捉点并给出捕捉到该点的符号和捕捉标记提示。在该选项卡中，勾选"启用对象捕捉追踪"复选框，打开对象追踪功能。使用该功能光标能够沿着选择的捕捉点所生成的辅助线方向进行追踪，直至找到所需的准确位置。一般可以从捕捉点沿水平对齐、竖直对齐或沿极轴追踪角度对齐方向进行追踪。

　　设置捕捉方式时，右击【对象捕捉】按钮，系统弹出如图 2 - 21 所示的【对象捕捉】快捷菜单。用户可以直接选择捕捉模式，如端点、中点、圆心等，被激活的捕捉模式图标用"√"标识，如图 2 - 21 所示。

　　用户也可以在右键快捷菜单中选择【对象捕捉设置】，系统将弹出【草图设置】对话框的【对象捕捉】选项卡，如图 2 - 22 所示。在对话框中选择对象捕捉模式，即勾选各捕捉模式前的复选框，然后单击【确定】按钮。

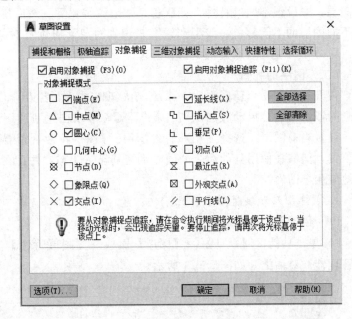

图 2 - 21　【对象捕捉】　　　　图 2 - 22　【草图设置】对话框中的【对象捕捉】选项卡
　　　　　快捷菜单

　　用以上两种方法设置完对象捕捉模式后，当激活"对象捕捉"后，用户在绘制图形遇到点提示时，一旦光标进入特定点的范围，该点就被捕捉到。【F3】键用于启动或关闭对象捕捉方式。

三、图层

　　通俗地讲，图层就像是含有文字或图形等元素的胶片，一张张按顺序叠放在一起，组合起来形成页面的最终效果。图层可以将页面上的元素精确定位，如图 2 - 23 所示。

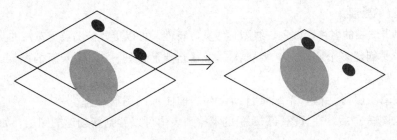

图 2 - 23　图层

资源 2.5
图层

（一）图层的功能

为了更容易地控制图形的显示和其相关特性，AutoCAD 将对象分类放在不同的图层上，通过设置图层特性来控制图形的颜色、线型、线宽和是否显示等各种特性，从而可以很好地组织不同类型的图形信息，使得这些信息便于管理。

当用户创建一个文件时，系统自动生成一个默认的图层，图层名为"0"，用户可以根据设计的需要创建自己的图层。例如在设计院中，根据项目按专业划分创建不同的图层，并设置不同的特性，如颜色、线型、线宽等。然后使用图层将对象分类，利用不同图层的不同颜色、线型和线宽来识别对象。通过将对象分类到各自的图层中，可以更方便、更有效地进行编辑和管理。

（二）图层的编辑

在开始绘制一个新图形时，系统默认创建了一个名为"0"的图层，"0"层不能被删除或重命名。启动【图层特性管理器】，可以创建新的图层，指定图层的各种特性，设置当前图层，选择图层和管理图层。【图层特性管理器】是一种管理图层特性的工具，能够在使用其他命令的同时维持其显示状态，并且在其上所做的修改可以实时地应用于图形。

1. 创建图层和编辑图层特性

（1）创建图层的步骤如下：

1）单击功能区【默认】→【图层】面板→【图层特性】按钮，弹出【图层特性管理器】对话框，如图 2 - 24 所示。

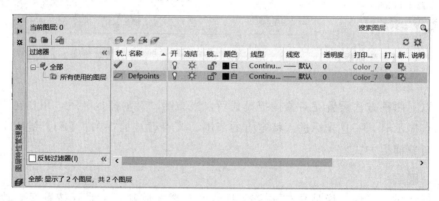

图 2 - 24　【图层特性管理器】对话框

2）单击【新建】按钮，新的图层以临时名称"图层 1"显示在列表中，并采用默认设置的特性。

3）单击图层的名称、颜色、线型、线宽等特性，可以更改该图层上对象的基本特性。

4）需要创建多个图层时，要再次单击【新建】按钮，输入新的图层名并更改图层基本特性。

5）关闭图层对话框，系统将自动保存当前图形的图层设置。

图层创建完毕后，在【图层】面板的下拉列表中可以看到新创建的图层，如图 2 - 25 所示。

单击【图层特性】对话框上方工具栏中的【在所有视口中都被冻结的新图层视口】按钮，则创建了新图层，并且该图层上的对象在所有现有布局视口中已被冻结。

（2）设置当前图层。单击【图层特性】→【置为当前】按钮。也可以选择一个图层并右击，在快捷菜单中选择【置为当前】。用户绘制的图形都在当前图层上，当前图层在【图层特性管理器】对话框的图层列表中状态图标也是✔。

（3）删除图层。单击【图层特性】对话框，选择一个图层，单击对话框上方工具栏中的【删除图层】按钮。但是有些图层却无法删除，否则系统将弹出如图2-26所示的警告，提示图层未删除。

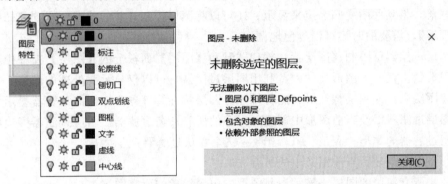

图2-25　新建图层列表　　　图2-26　图层未删除提示框

（4）排列图层。在【图层特性管理器】对话框中，单击视图列表中的列标题，就会按该列中的特性（开/关、非冻结/冻结、解锁/锁定、颜色等）排列图层。图层可以按字母的升序或降序排列，单击列标题来改变排序。

（5）开/关图层。开/关图层用于显示和不显示图层上的对象，控制图标是💡和💡。

（6）锁定/解锁图层。对于设计中不希望修改的某些对象，可以将对象所在的图层锁定。锁定/解锁图层用于锁定和解锁图层上的对象，控制图标是🔒和🔓。单击锁定图标可以实现锁定图层，这时图层里的对象暗显并且不能被编辑，但是可以在此图层里新建对象；单击开锁图标可以实现解锁图层，解锁后图层里的对象正常显示并且可以被编辑。

（7）冻结/解冻图层。冻结/解冻图层可以看作是开关图层和锁定解锁图层的一个结合体。被冻结的图层里的图形对象既不显示也不能被修改，而解冻图层里的对象可以被选择并修改。控制图标是"太阳"☀和"雪花"❄，"太阳"图标表示图层处于解冻状态，单击变成"雪花"，从而实现图层冻结。

冻结新视口是指在新布局视口中冻结选定图层。在重新生成和消隐或渲染时，计算机不处理冻结的信息。而被关闭的图层与图形一起重新生成，只是不能显示和打印。

（8）打印/不打印图层。打印/不打印图层用于控制图层上的对象是否被打印出来，控制图标分别是🖨和🖨。单击打印图标🖨，图标变成🖨，这时图层里的所有对象不能被打印；单击不打印图标又可以实现打印图层。

2. 图层工具的使用

单击功能区【默认】→【图层】面板中【置为当前】按钮 置为当前、【匹配图层】按钮 匹配图层、【上一个】按钮 等实现对图层置为当前、改变图层对象、恢复上一个图层状态等操作的编辑。

（三）图层的管理和应用

利用【图层特性管理器】对话框左侧的【新建特性过滤器】按钮 、【新建组过滤器】按钮 和【图层状态管理器】按钮 ，可以对图层而不是图层里的对象进行管理。

新建图层特性过滤器，根据图层的名称或特性来过滤显示图层，方便查找；新建组过滤器，将某些图层归为组来显示；还可以将图层控制开关的状态保存到【图层状态管理器】，需要的时候可以方便地调用。

图层过滤器可限制【图层特性管理器】和【图层】面板上的【图层】控件中显示的图层数量。在较大图形文件中，利用图层过滤器，可以仅显示要处理的图层，并且可以按图层名称或图层特性对其进行排序。图层特性管理器中左侧的浏览器显示了默认的图层过滤器以及当前图形中创建并保存的所有命名过滤器。图层过滤器旁边的图标表明过滤器的类型。AutoCAD 2018 有三个默认过滤器：

（1）全部：显示当前图形中的所有图层。

（2）所有使用的图层：显示当前图形中包含对象的所有图层。

（3）外部参照：如果图形附着了外部参照，将显示从其他图形参照的所有图层。

第二节　AutoCAD 基本操作

资源 2.6
基本操作

为了提高绘图效率，通常需要灵活观察图形的全貌、局部以及当前未显示在屏幕区域内的图形，需要对不同窗口的图形和同一窗口的图形的不同部位进行比较，还需要快速地调用命令和正确地选择对象等。本节基本操作中主要介绍图形显示、视图窗口设置、视口设置、命令操作和对象选择方法等。

一、图形显示

（一）图形缩放

图形缩放命令类似于照相机的可变焦距镜头，可以放大或缩小屏幕所显示的范围，只改变视图的比例，但是对象的实际尺寸并不发生变化。当放大图形的一部分显示时，可以更清楚地查看这个区域的细节；相反，如果缩小图形的显示尺寸，则可以查看更大的区域，如整体浏览。

1. 执行图形缩放的过程

（1）命令行：Zoom↙或 Z↙。

（2）执行上述命令后，系统提示如下：

> 指定窗口的角点,输入比例因子(nX 或者 nXP),或者[全部(A)/中心(C)/动态(D)/范围(E)/上一个(P)/比例(S)/窗口(W)/对象(O)]<实时>：

2．选项说明

(1)"全部（A）"。执行"Zoom"命令后，在提示文字后键入"A"，即可执行。不论图形有多大，该操作都将显示出图形的边界或范围，即使对象不包括在边界以内，它们也将被显示。因此，使用"全部（A）"缩放选项，可查看当前视口中的整个图形。

(2)"中心（C）"。确定一个中心点，该选项可以定义一个新的显示窗口。操作过程中需要指定中心点以及输入比例或高度。默认新的中心点就是视图的中心点，默认的输入高度就是当前视图的高度，直接按【Enter】键后，图形不会被放大。输入比例的数值越大，图形放大倍数也越大，也可以在数值后面紧跟个 X，如 3X 表示在放大时不是按照绝对值变化，而是按相对于当前视图的相对值缩放。

(3)"动态（D）"。通过操作一个表示视口的视图框，可以确定所需显示的区域。选择该选项，在绘图窗口中出现一个小的视图框，按住鼠标左键左右移动可以改变该视图框的大小，视图框大小确定后放开左键，再按下鼠标左键移动视图框，按下回车键即可将视图框中的图形最大化显示。

(4)"范围（E）"。"范围（E）"选项可以使图形缩放至整个显示范围。图形的范围由图形所在的区域构成，剩余的空白区域将被忽略。应用这个选项，图形中所有的对象都尽可能地被放大。它与全部缩放不同，范围缩放使用的显示边界只是图形范围而不是图形界限。

(5)"上一个（P）"。在绘制复杂图形时，有时需要放大图形的某一部分来进行细节的编辑。当编辑完成后，有时希望回到前一个视图。这种操作可以使用"上一个（P）"选项来实现。当前视口由"缩放"命令的各种选项或"移动"视图、视图恢复、平行投影或透视命令引起的任何变化，系统都将自动保存。每个视口最多可以保存 10 个视图。连续使用"上一个（P）"选项可以恢复前 10 个视图。

(6)"比例（S）"。以指定的比例因子缩放显示。输入"S"后，系统提示"输入比例因子（nX 或 nXP):"。"比例（S）"选项提供了三种使用情况。

1）输入的值后面跟着 X，根据当前视图指定比例。例如，输入 0.5X，屏幕上的每个对象显示为原大小的二分之一。

2）输入值并后跟 XP，指定相对于图纸空间单位的比例。例如，输入 5XP，以图纸空间单位的二分之一显示模型空间。创建的每个视口以不同的比例显示对象的布局。

3）输入值指定相对于图形界限的比例。例如，如果缩放到图形界限，则输入 2 将以对象原来尺寸的两倍显示对象。

(7)"窗口（W）"。"窗口（W）"选项是最常用的选项。通过确定一个矩形窗口的两个对角来指定需要缩放的区域，对角点可以由鼠标指定，也可以输入坐标确定。指定窗口的中心点将成为新的显示屏幕的中心点。窗口中的区域将被放大或者缩小。调用"Zoom"命令时，可以在没有选择任何选项的情况下，利用鼠标在绘图窗口中直接指定缩放窗口的两个对角点。

(8)"对象（O）"。"对象（O）"选项缩放显示一个或多个选定的对象并使其位于视图的中心，可以在启动 Zoom 命令前或后选择对象。

注：图形缩放命令在 AutoCAD 2018 经典工作空间默认设置下还有以下两种调用方法：①菜单栏：【视图】→【缩放】；②工具栏：🖐 🔍 🔍 🔍，其中 🔍 代表实时缩放，单击该图标后，按压鼠标左键，可以实现整个图形的实时缩放；🔍 和 🔍 这两个图标分别对应缩放命令中的"窗口（W）"和"上一个（P）"选项。

（二）图形平移

图形平移命令类似于将绘图区这块"黑板"在 X 轴和 Y 轴方向上移动，以利于对图形进行细节的观察和绘图，这种平移并不是对绘制的图形的移动。

执行图形平移的步骤如下：

（1）命令行：Pan↙或 P↙。

（2）执行上述命令后，光标将变成一只"小手" 🖐，可以在绘图窗口中任意移动，以示当前正处于平移模式。单击并按住鼠标左键将光标锁定在当前位置，即"小手"已经抓住图形，然后，拖动图形使其移动到所需位置。松开鼠标左键将停止平移图形。可以反复按下鼠标左键、拖动、松开，将图形平移到其他位置上。

注：图形平移命令在 AutoCAD 2018 经典工作空间默认设置下还有以下两种调用方法：①菜单栏：【视图】→【平移】；②工具栏：🖐。

（三）图形重生成

在图形绘制过程中，经常会出现对象显示不准确、修改的点样式和填充模式等无法显示的现象。例如绘制一个较小的圆，用视图缩放命令将其放大显示后，该圆会显示为多边形，放大倍数越大，这种现象越明显；再如图形缩到一定程度将无法缩小，这时均可通过重生成命令改善图形显示效果。

这种现象不会影响图形的打印，但会对屏幕读图产生影响。要解决这个问题，就需要用视图重生成命令，该命令对对象进行重新计算，从而优化屏幕显示。

1. 重生成

（1）命令行：Regen↙或 Re↙。

（2）操作步骤：激活命令后即在当前视口重生成整个图形。

2. 全部重生成

（1）命令行：Regenall↙。

（2）操作步骤：激活命令后即可重生成图形并刷新所有视口。

注：图形重生成命令在 AutoCAD 2018 经典工作空间默认设置下还可以通过"菜单栏：【视图】→【重生成】"的方式操作。

（四）鼠标滚轮

下列操作可以用鼠标滚轮直接实现：

（1）将鼠标光标移动到要缩放的区域向前转动滚轮，放大图形；向后转动滚轮，缩小图形。缩放基点为十字光标点。默认情况下，缩放增量为 10%。

（2）双击滚轮，全部缩放图形。

（3）按住滚轮，鼠标光标变成"小手" 🖐，拖动鼠标光标，则平移图形。

要随时停止对象显示的各个命令，可以右键单击或者按【Enter】键或【Esc】键。

二、视图窗口设置

(一) 打开方法

当打开多张 CAD 图纸，各个图纸需要对比查看时会用到窗口设置。窗口设置的打开方法如下：

(1) 功能区：【视图】选项卡→【界面】面板。

(2) 命令行：Syswindows↙。

功能区打开时窗口设置提供了层叠、垂直平铺和水平平铺三种方式，如图 2-27 所示。命令行调用时窗口设置提供了四种方式，如图 2-28 所示。

图 2-27 功能区窗口设置

图 2-28 命令行窗口设置

(二) 选项说明

1. 垂直平铺

垂直平铺以垂直、不重叠的方式排列窗口，如图 2-29 所示。打开多个图形时，可以按列查看这些图形。只有在空间不足时才添加其他行。

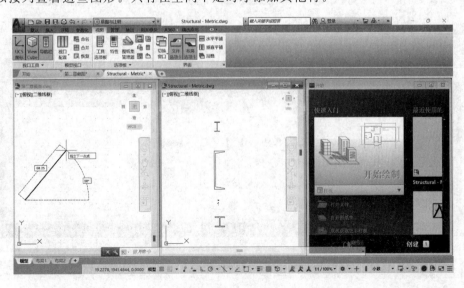

图 2-29 垂直平铺

2. 水平平铺

水平平铺指不同的图形以无重叠的方式水平排列打开。打开多个图形时，可以按行查看这些图形。只有在空间不足时才添加其他列，如图 2-30 所示。

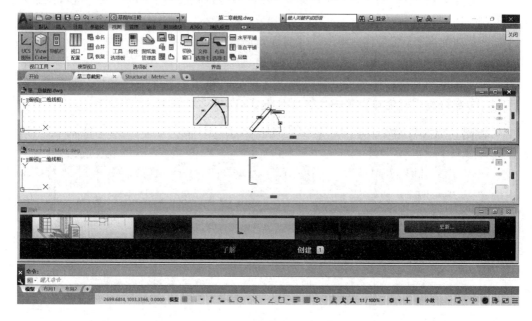

图 2-30　水平平铺

3. 层叠

通过重叠窗口来整理大量窗口，以便于访问，如图 2-31 所示。

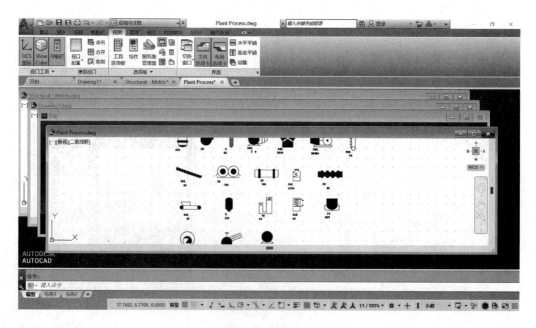

图 2-31　层叠

4. 排列图标

图形最小化时，将图形在工作空间底部排成一排来排列多个打开的图形，如图 2-32 所示。

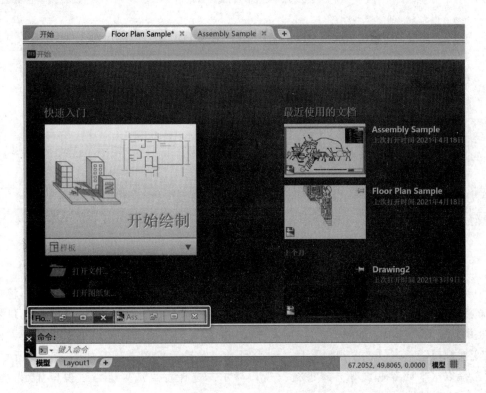

图 2-32　排列图标

注：窗口设置在经典工作空间默认设置下还有以下调用方法：菜单栏→【窗口】→【层叠（C）/水平平铺（H）/垂直平铺（T）/排列图标（A）】。

三、视口设置

AutoCAD 中提供模型空间视口和布局视口。视口是显示用户模型的不同视图的区域。就好比把一张照片分成不同区域，不同的视口显示不同的区域。在复杂图形中，显示不同的视图可以缩短在单一视图中缩放或平移的时间。在模型空间中，可将绘图区域分割成一个或多个相邻的矩形视图，称为模型空间视口。模型空间视口充满整个绘图区域并且相互之间不重叠。在一个视口中做出更改后，其他视口也会立即更新。每个视口通过平移缩放都可显示整个模型的内容。

（一）模型空间视口设置的方法

1. 功能区

单击选项卡【视图】→【视口配置】面板，可看到【单个】、【两个：垂直】、【两个：水平】、【三个：垂直】、【四个：相等】等选项，如图 2-33 所示。

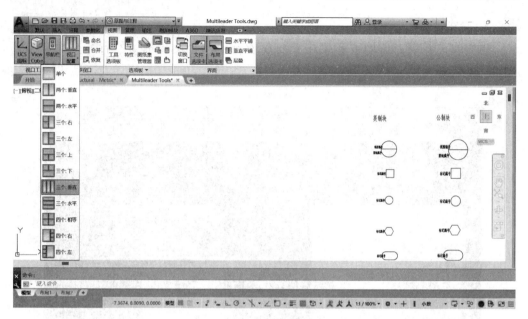

图 2-33　功能区视口设置

2. 菜单栏

运行 AutoCAD 2018，打开绘图界面，【视口】位于【视图】下拉菜单中，包括【命名视口】、【新建视口】、【一个视口】、【两个视口】、【三个视口】、【四个视口】、【合并】等七个选项，如图 2-34 所示，其中命名视口在绘图过程中可根据需要方便地变换视口。单击【三个视口】后，命令行会显示输入配置选项，如图 2-35 所示。可选择以水平或者垂直等方式进行三视口显示。选择垂直选项进行三视口显示，如图 2-36 所示。

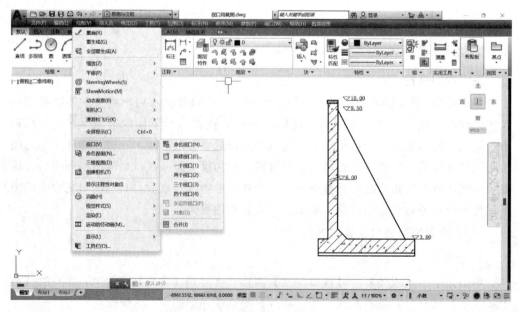

图 2-34　菜单栏调用视口

-VPORTS 输入配置选项 [水平(H) 垂直(V) 上(A) 下(B) 左(L) 右(R)] <右>:

图 2-35　输入配置选项

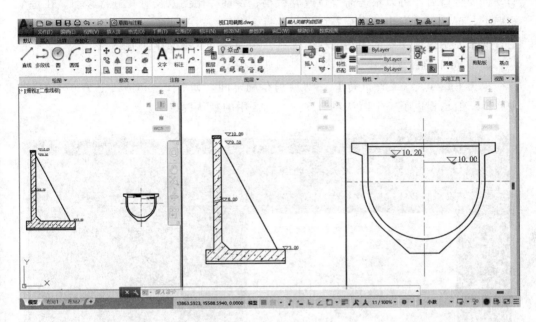

图 2-36　三个垂直视口界面

同时，还可以对已经进行三个视口显示的其中一个窗口进行单独的二次视口配置。对图 2-36 所示的中间活动窗口进行操作，切换至 AutoCAD 经典工作空间后，单击菜单栏→【视图】→【视口】→【四个视口】，得到如图 2-37 所示的二次视口配置图。

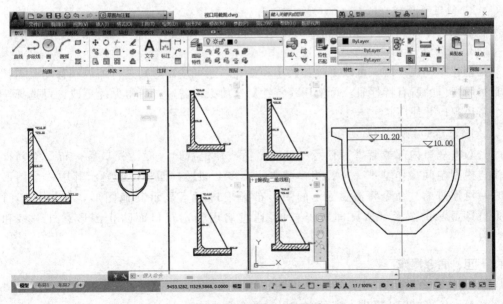

图 2-37　二次视口配置图

（二）布局视口

布局视口是显示模型空间的视图对象。在布局的图纸空间中创建、缩放并放置它们。创建视口后，可以根据需要更改其大小、特性、比例以及对其进行移动。在每个布局上，可以创建一个或多个布局视口。每个布局视口类似于一个按某一比例和所指定方向来显示模型视图的闭路电视监视器。布局视口常用操作如下：

1. 认识布局视口

单击 Layout1（或者布局 1），切换到布局空间，如图 2 - 38 所示。AutoCAD 各种版本一般均提供了一个默认视口（图 2 - 38 中的默认视口）。

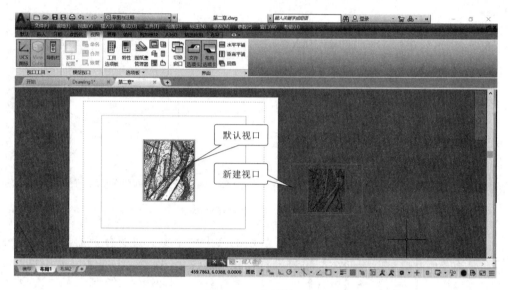

图 2 - 38　布局视口

2. 创建布局视口

输入 Mview（Mv）命令新建一个或多个视口，如图 2 - 38 中的新建视口。

3. 修改布局视口

创建布局视口后，可以更改其大小和特性，还可按需对其进行缩放和移动。需控制布局视口的所有特性时，可使用【特性】选项板；需进行最常见的更改，可选择一个布局视口并使用其夹点。

4. 激活和锁定视口

双击视口内部或者外部任意一处即激活或锁定视口。激活视口后，布局空间操作与模型空间操作基本一样。当模型空间有多个图形，而只需要显示其中一个图形时，可通过缩放命令将需要显示的图形布满视口而不显示其他图形，布局打印时只打印显示的图形（所见即所得）。可通过启用锁定视口而防止图形意外平移和缩放。

四、命令操作

（一）命令激活方式

AutoCAD 2018 提供了多种方式以激活命令操作。

（1）在功能区、工具栏或菜单中进行选择。

（2）在命令行中输入命令。

（3）利用右键快捷菜单中的选项选择相应的命令。

在这些激活方式中，使用功能区面板和快捷菜单对于初学者来说既容易又直观。其实在命令行直接键入命令是最基本的输入方式，也是最快捷的输入方式。无论使用何种方式激活命令，在命令行都会有命令出现，实际上无论使用哪种方式，都等同于从键盘键入命令。

（二）命令响应

在激活命令后，都需要给出坐标或参数，比如需要输入坐标值、选取对象、选择命令选项等，要求用户做出回应来完成命令，这时往往可以通过键盘和鼠标操作来响应。

除此之外，AutoCAD 的动态输入工具使得响应命令变得更加直接。在绘制图形时，动态输入可以不断给出几何关系及命令参数的提示，以便用户在设计中获得更多的设计信息，使得界面变得更加友好。

（1）在给出命令后，屏幕上出现动态跟随的提示小窗口，可以在小窗口中直接输入数值或参数，也可以在"指定下一点或"的提示下使用键盘上的向下光标键【↓】调出菜单进行选择，如图 2-39（a）所示。动态指针输入会在光标落在绘图区域时不断提示光标位置的坐标，如图 2-39（a）和（b）状态栏中不同的坐标所示。

（2）在动态输入的同时，在命令行同时出现提示，需要输入坐标或参数。在提示输入坐标时，一般情况下，可以直接用图 2-39（a）中的动态输入键盘输入相对坐标值（100，63），也可以用鼠标在绘图窗口拾取一个点，这个点的坐标便是用户的响应坐标值，如图 2-39（b）所示。

（3）在提示选取对象时，可以直接用鼠标在绘图窗口选取。

（4）在有命令选项需要选取时，可以直接用键盘响应，提示文字后方括号"［］"内的内容便是命令选项。第三章将详细介绍常用命令的使用方法。

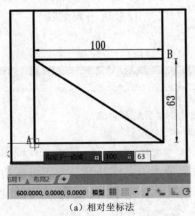
（a）相对坐标法

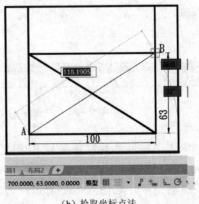
（b）拾取坐标点法

图 2-39　动态输入

五、对象选择方法

AutoCAD 2018 提供了以下两种编辑图形的途径：①先执行编辑命令，然后选择要编辑的对象；②先选择要编辑的对象，然后执行编辑命令。

这两种途径的执行效果是相同的，但选择对象是进行编辑的前提。AutoCAD 2018 提供了多种对象选择方法，如采用单击、选择窗口、选择线和对话框等方法选择对象。AutoCAD 2018 可以把选择的多个对象组成整体（如选择集和对象组），进行整体编辑与修改。

（1）选择集可以仅由一个图形对象构成，也可以是一个复杂的对象组，如位于某一特定层上的具有某种特定颜色的一组对象。构造选择集可以在调用编辑命令之前或之后。

AutoCAD 2018 提供以下几种方法构造选择集：

1）先选择一个编辑命令，然后选择对象，按【Enter】键结束操作。

2）使用 Select 命令。在命令提示行中输入 Select，选择选项后，出现提示选择对象，按【Enter】键结束。

3）用选取设备选择对象，然后调用编辑命令。

4）定义对象组。

无论使用哪种方法，AutoCAD 2018 都将提示用户选择对象，并且光标的形状由十字光标变为拾取框。此时，可以用后面介绍的方法选择对象。

（2）下面结合 Select 命令说明选择对象的方法。Select 命令可以单独使用，也可以在执行其他编辑命令时被自动调用。输入 Select 命令单独使用时，屏幕提示如图 2-40 所示。

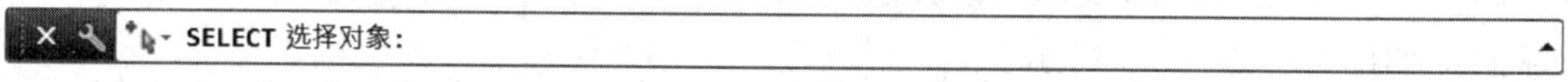

图 2-40 "选择对象"命令行

系统等待用户以某种方式选择对象作为回答。AutoCAD 2018 提供多种选择方式，可以输入"?"查看这些选择方式。输入"?"并回车后出现如图 2-41 所示的提示。

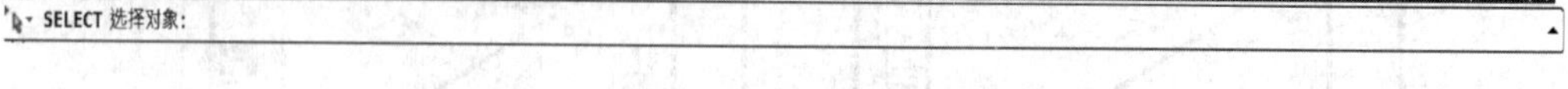

需要点或窗口(W)/上一个(L)/窗交(C)/框(BOX)/全部(ALL)/栏选(F)/圈围(WP)/圈交(CP)/编组(G)/添加(A)/删除(R)/多个(M)/前一个(P)/放弃(U)/自动(AU)/单个(SI)/子对象(SU)/对象(O)
SELECT 选择对象：

图 2-41 "选择对象"提供的多种选择方式

（3）采用矩形框选择对象是最常用的方式，若矩形框从左向右定义，即第一个选择的对角点为左侧的对角点，矩形框内部的对象被选中，框外部及与矩形框边界相交的对象不会被选中，如图 2-42 所示；若矩形框从右向左定义，矩形框内部及与矩形边界相交的对象都会被选中，如图 2-43 所示。各选项具体含义如下：

1）"点"：表示直接通过点取的方式选择对象。利用鼠标或键盘移动拾取框，然后单击对象，被选中的对象就会高亮显示。

2）"窗口（W）"：用由两个对角顶点确定的矩形窗口选择位于其范围内部的所有图形，与边界相交的对象不会被选中。指定对角顶点时应该按照从左向右的顺序，执行结果如图 2-42 所示。

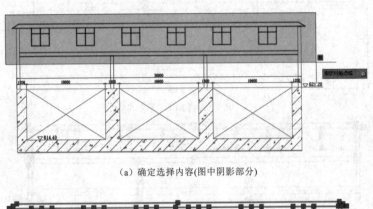

(a) 确定选择内容(图中阴影部分)

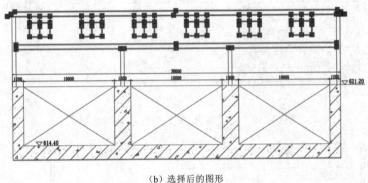

(b) 选择后的图形

图 2-42 以"窗口（W）"方式选择对象

3）"上一个（L）"：在"选择对象"提示下输入"L"，按【Enter】键，系统自动选择最后绘出的一个对象。

4）"窗交（C）"：该方式与"窗口"方式类似，其区别在于窗交指定对角顶点时应该按照从右向左的顺序，它不但选中矩形窗口内部的对象，也选中矩形窗口边界相交的对象，执行结果如图 2-43 所示。

5）"框（BOX）"：使用框时，系统根据用户在绘图区指定的两个对角点的位置而自动引用"窗口"或"窗交"选择方式。若从左向右指定对角点，为"窗口"方式；反之，为"窗交"的方式。

6）"全部（ALL）"：选择绘图区所有对象。

7）"栏选（F）"：用户临时绘制一些直线，这些直线不必构成封闭图形，凡是与这些直线相交的对象均被选中，执行结果如图 2-44 所示。

8）"圈围（WP）"：使用一个不规则的多边形来选择对象。根据提示，用户依次输入构成多边形所有顶点的坐标，直到最后按【Enter】键结束操作，系统将自动连

47

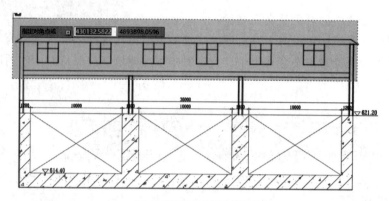

（a）确定选择内容(图中阴影部分)

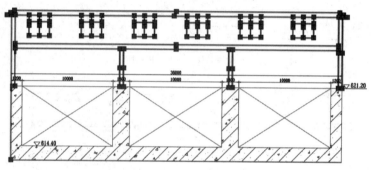

（b）选择后的图形

图 2-43　以"窗交（C）"方式选择对象

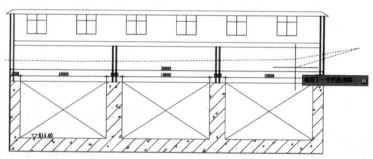

（a）选择内容(图中虚线为选择栏)

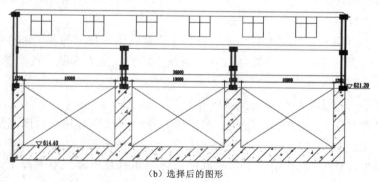

（b）选择后的图形

图 2-44　以"栏选（F）"方式选择对象

接第一个顶点与最后一个顶点，形成封闭的多边形。凡是被多边形围住的对象均被选中（不包括边界）。

9）"圈交（CP）"：类似于"圈围"方式，在提示后输入"CP"，按【Enter】键，后续操作与圈围方式相同。区别在于，执行此命令后与多边形边界相交的对象也被选中。

其他几个选项的含义与上面选项含义类似，这里不再赘述。

第三章

图形绘制

图形绘制是 CAD 最重要的功能，AutoCAD 2018 提供了丰富的绘图和编辑命令，利用这些命令可以绘制和编辑各种基本图形。本章主要介绍基本的二维绘图命令、编辑命令和对象特性的使用。

第一节　基本图形的绘制

本节结合实例介绍直线、多段线、圆、圆弧、椭圆、矩形和点等的绘制方法。

一、绘制直线

直线是组成图形的最基本图元，绘制直线需要确定两个点的位置，可以在绘图区使用十字光标选择，也可以通过输入坐标的方式确定。

调用命令的方法如下：

（1）功能区：【默认】→【直线】按钮✐。

（2）命令行：Line（快捷命令为 L）✓。

在 AutoCAD 经典工作空间下，单击"工具栏"【绘图】→【直线】按钮✐。使用直线命令时，系统依次作出如下提示：

命令：Line✓
指定第一点：
指定下一点或[放弃(U)]：
指定下一点或[放弃(U)]：
指定下一点或[闭合(C)/放弃(U)]：

在指定端点时，可以直接用鼠标点击绘图区指定或输入坐标如（65，45）✓。

提示中的"［闭合（C）］"选项，用于在绘制两条以上线段之后，将一系列直线段首尾闭合。

提示中的"［放弃（U）］"选项，用于删除直线序列中最新绘制的线段，多次输入 U，按绘制次序的逆序逐个删除线段。

【实例 3 - 1】　用直线命令绘制如图 3 - 1 所示的标高符号。

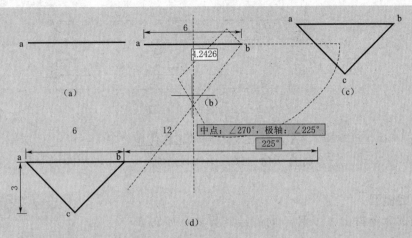

图 3-1 标高符号的绘制

解： 绘制过程如下：

命令：L↙

指定第一点：(单击屏幕任意一点作为起始点 a)

指定下一点或[放弃(U)]：6↙[水平向右绘制长度为 6 的水平线，得到点 b，如图 3-1(a)所示]

指定下一点或[放弃(U)]：[在直线 ab 中点的追踪线与 225°极轴追踪线的交点单击鼠标，得到点 c，此操作是在启用极轴追踪增量角为 45°和对象捕捉模式中选择中点的前提下进行的，如图 3-1(b)所示]

指定下一点或[闭合(C)/放弃(U)]：C↙[如图 3-1(c)所示]

重新调用 Line 命令，以点 b 为端点在正交模式下绘制长度为 12 的水平线，如图 3-1(d)所示。

二、绘制多段线

多段线由多个彼此首尾相连、相同或不同宽度的直线段或弧线段组成，并作为一个整体对象。基本做法与直线相同。

调用命令的方法如下：

(1) 功能区：【默认】→【多段线】按钮 。

(2) 命令行：Pline (快捷命令为 Pl) ↙。

在 AutoCAD 经典工作空间下，单击工具栏【绘图】→【多段线】按钮 。

在使用多段线命令时，系统作出如下提示：

命令：Pl↙

指定起点：

指定下一个点或[圆弧(A)/半宽(H)/长度(L)/放弃(U)/宽度(W)]：

指定下一个点或[圆弧(A)/闭合(C)/半宽(H)/长度(L)/放弃(U)/宽度(W)]：

在指定起点后通过单击绘图区不同位置或者输入不同的命令组合就会得到不同的图形。

【**实例 3-2**】 用多段线命令绘制图 3-2 所示闸室底板。

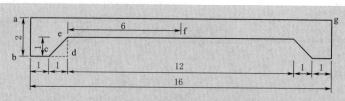

图 3-2 闸室底板的绘制

解：具体操作参考《〈AutoCAD 与 Revit 工程应用教程〉上机实验指导》资源 1 中的视频"SY1-3"（将直线命令修改为多段线命令，其他操作相同）。

三、绘制圆

绘制圆命令提供了 6 种不同的绘制方式，如图 3-3 所示。

调用绘制圆的命令的方法如下：

（1）功能区：【默认】→【圆】按钮 ◎。

（2）命令行：Circle（快捷命令为 C）✓。

在 AutoCAD 经典工作空间下，单击工具栏【绘图】→【圆】按钮 ◎。

使用圆命令时，系统作出如下提示：

图 3-3 "圆"的子菜单

> 命令：Circle✓
> 指定圆的圆心或[三点(3P)/两点(2P)/切点、切点、半径(T)]：(指定圆心或输入选项)

根据不同的响应，选择圆的不同画法，系统进一步的提示也不相同。现分别介绍各选项的功能。

（一）以"圆心，半径"方式绘制

系统默认的画圆方法为指定圆心和半径的方式。

选择功能区【绘图】→【圆】→【圆心，半径】选项，执行过程如下：

> 命令：C✓
> 指定圆的圆心或[三点(3P)/两点(2P)/切点、切点、半径(T)]：(指定圆心)
> 指定圆的半径或[直径(D)]：(输入半径值或指定另一点，即以圆心到该点的距离作为半径值)

执行结果如图 3-4（a）所示。

（二）以"圆心，直径"方式绘制圆

该方式通过指定圆心位置和直径值绘制一个圆。

选择功能区【绘图】→【圆】→【圆心，直径】选项，执行过程如下：

> 命令：C✓
> 指定圆的圆心或[三点(3P)/两点(2P)/切点、切点、半径(T)]：(指定圆心)
> 指定圆的半径或[直径(D)]：d(回车，系统自动转入选择直径方式)
> 指定圆的直径<当前>：(指定直径值)

（三）以"两点"方式绘制圆

该方式通过圆直径上的两个端点绘制圆。

选择功能区【绘图】→【圆】→【两点】选项，执行过程如下：

> 命令:C✓
>
> 指定圆的圆心或[三点(3P)/两点(2P)/切点、切点、半径(T)]:_2p(系统自动转入选择两点画圆方式)
>
> 指定圆直径的第一个端点:(指定点 1)
>
> 指定圆直径的第二个端点:(指定点 2)

执行结果如图 3-4（b）所示。

（四）以"三点"方式绘制圆

该方式通过圆周上的三个点绘制圆。

选择功能区【绘图】→【圆】→【三点】选项，执行过程如下：

> 命令:C✓
>
> 指定圆的圆心或[三点(3P)/两点(2P)/切点、切点、半径(T)]:3p(系统自动转入选择三点画圆方式)
>
> 指定圆上的第一个点:(指定点 1)
>
> 指定圆上的第二个点:(指定点 2)
>
> 指定圆上的第三个点:(指定点 3)

执行结果如图 3-4（c）所示。

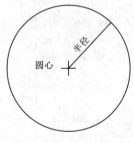
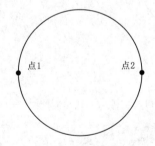
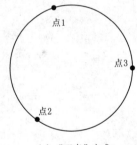

（a）"圆心，半径"方式　　　（b）"两点"方式　　　（c）"三点"方式

图 3-4　绘制圆的方法

（五）以"相切，相切，半径"方式绘制

与两个对象相切并按指定的半径绘制圆。

选择功能区【绘图】→【圆】→【相切，相切，半径】选项，图 3-5 所示的公切圆的绘制过程如下：

> 命令:C✓
>
> 指定圆的圆心或[三点(3P)/两点(2P)/切点、切点、半径(T)]:TTR✓(命令行输入 TTR,系统自动转入选择"相切,相切,半径"的画圆方式)
>
> 指定对象与圆的第一个切点:(选择大圆上切点 1)
>
> 指定对象与圆的第二个切点:(选择直线上切点 2)
>
> 指定圆的半径<当前>:(系统计算公切圆半径)

完成大圆和直线的公切圆的绘制,即图 3-5 所示小圆。

(六)以"相切,相切,相切"方式绘制

与三个对象相切并自动计算要创建圆的半径和圆心坐标,由计算所得的圆心和半径绘制圆。选择功能区【绘图】→【圆】→【相切,相切,相切】选项,如图 3-6 所示的公切圆绘制过程如下:

指定圆的圆心或[三点(3P)/两点(2P)/切点、切点、半径(T)]:3p
指定圆上的第一个点:tan 到(捕捉直线上的切点 1)
指定圆上的第二个点:tan 到(捕捉圆弧上的切点 2)
指定圆上的第三个点:tan 到(捕捉圆上的切点 3)

完成直线、圆弧和大圆的公切圆的绘制,即图 3-6 中的小圆。

四、绘制圆弧

圆弧命令提供了多种不同的绘制圆弧的方式,如图 3-7 所示。

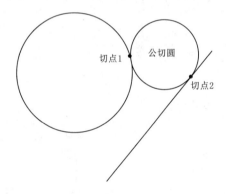

图 3-5 用"相切,相切,半径"方式绘制圆

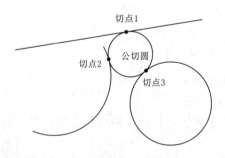

图 3-6 用"相切,相切,相切"方式绘制圆

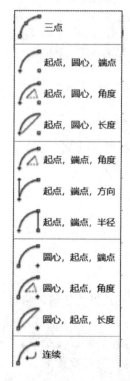

图 3-7 "圆弧"子菜单

调用命令的方法如下:

(1)功能区:【默认】→【圆弧】按钮 。

(2)命令行:Arc(快捷命令为 A) 。

在 AutoCAD 经典工作空间下,单击工具栏【绘图】→【圆弧】按钮 。

【实例3-3】 用圆弧命令绘制图3-8。

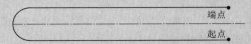

图3-8 以"起点，端点，角度"方式绘制与已知圆弧对称的圆弧

解： 绘制过程详见资源3.1。

五、绘制椭圆

椭圆命令（Ellipse）用于绘制椭圆和椭圆弧。

可通过以下方式调用该命令：

（1）单击选项卡【默认】→【椭圆】按钮 ⬭。

（2）命令行：Ellipse（快捷命令为El）✓。

在AutoCAD经典工作空间下，单击工具栏【绘图】→【椭圆】按钮 ⬭。

【实例3-4】 用椭圆命令绘制图3-9所示圆形。

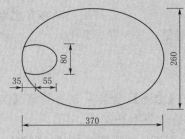

图3-9 马桶部分椭圆的绘制

解： 绘制过程详见资源3.2。

六、绘制矩形

矩形命令（Rectang）用于绘制矩形，其对象类型是多段线。

可通过以下方式调用该命令：

（1）单击选项卡【默认】→【矩形】按钮 ▭。

（2）命令行：Rectang（快捷命令为Rec）✓。

（3）在AutoCAD经典工作空间下，单击工具栏【绘图】→【矩形】按钮 ▭。

【实例3-5】 绘制如图3-10所示矩形。

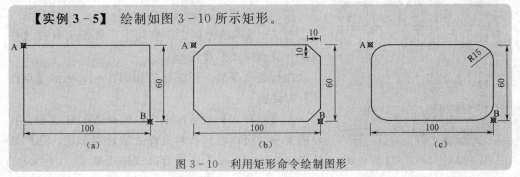

（a）　　　　　　　　　（b）　　　　　　　　　（c）

图3-10 利用矩形命令绘制图形

解：绘制过程如下：

命令:Rec✓

指定第一个角点或[倒角(C)标高(E)圆角(F)厚度(T)宽度(W)]:(单击任意一点作为起点A)

指定另一个角点或[面积(A)尺寸(D)旋转(R)]:D✓

指定矩形的长度<0.0000>:100✓

指定矩形的宽度<0.0000>:60✓

指定另一个角点或[面积(A)尺寸(D)旋转(R)]:[单击屏幕上右下角任一位置完成图3-10(a)的绘制]

其中主要选项的含义如下：

（1）"倒角（C）"：设置所绘制矩形的倒角距离。图3-10（b）为设置"倒角距离＝10"的绘制结果。

（2）"圆角（F）"：设置所绘制矩形的圆角半径。图3-10（c）为设置"圆角半径＝15"的绘制结果。

七、绘制点

点也称为节点，它是用于精确绘图的辅助对象。绘制点时，可以在屏幕上直接拾取，也可以用对象捕捉定位一个点。为了使用户能够方便地识别点对象，可以设置不同的点样式，以便使点对象清楚地显示在屏幕上。

（一）命令

调用命令的方法如下：

（1）功能区：【默认】→【绘图】 绘图 ▾ 展开隐藏【多点】按钮 ▪ 。

（2）命令行：Point（快捷命令为Po）✓ 。

在AutoCAD经典工作空间下，单击工具栏【绘图】→【多点】按钮 ▪ 。

在使用多点命令时，系统提示如下：

命令:Po✓

当前点模式:PDMODE=0 PDSIZE=0.0000

指定点:(指定点的位置)

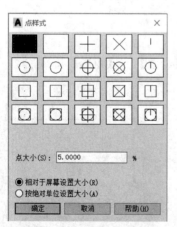

图3-11　【点样式】对话框

（二）设置点样式

（1）单击选项卡【默认】→【实用工具】 实用工具 ▾ →【点样式】按钮 。

（2）命令行：Ddptype✓ 。

在AutoCAD经典工作空间下，单击工具栏【格式】→【点样式】按钮 。

执行此命令后，系统弹出如图3-11所示【点样式】对话框。

在【点样式】对话框中可以选择点的样式和设置点的大小，可以看到各种点样式的直观形状。选取某种点样式后，屏幕上的点就以该样式显示。"点大小"

文本框可以用来输入点在屏幕上显示大小的百分比。

（三）点的应用

1. 定数等分

定数等分是在对象上按指定数目等间距地创建点或插入块。这个操作并不把对象实际等分为单独对象，而只在对象定数等分的位置上添加点对象。这些点将作为几何参照点，辅助作图时使用。

命令调用方式如下：

（1）单击选项卡【默认】→【绘图】 绘图 ▾ →【定数等分】按钮 。

（2）命令行：Divide✓。

在 AutoCAD 经典工作空间下，单击工具栏【绘图】→【定数等分】按钮 。

如图 3-12 所示，将一个角等分为三个角，作图方法为：以角的顶点为圆心，绘制和两条边相连接的圆弧，然后将圆弧等分为三段，最后再用直线连接角顶点和圆弧三等分点，即将任意角三等分。命令执行过程如下：

> 命令：Divide✓
> 选择要定数等分的对象：（选择圆弧）
> 输入线段数目或[块(B)]:3✓（指定等分的段数）

在此图形中共插入两个定数等分点，如图 3-12 所示。

2. 定距等分

定距等分是按指定的长度，从指定的端点测量一条直线、弧、多段线或样条曲线，并在其上按长度创建点或块。与定数等分不同的是，测量不一定将对象全部等分，即最后一段通常不为指定距离。测量时离拾取点近的直线或曲线一端为起始点。

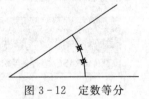

图 3-12　定数等分

（1）单击选项卡【默认】→【绘图】 绘图 ▾ →【定距等分】按钮 。

（2）命令行：Measure✓。

在 AutoCAD 经典工作空间下，单击工具栏【绘图】→【定距等分】按钮 。

命令执行过程如下：

> 命令：Measure✓
> 选择要定距等分的对象：（选择直线）
> 输入线段距离：1000✓（指定线段长度）

执行结果如图 3-13 所示。

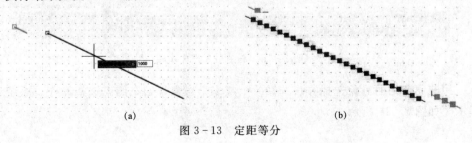

(a)　　　　　　　　　　　　　　　　　(b)

图 3-13　定距等分

第二节 图 形 编 辑

利用绘图命令可初步实现基本图形绘制，对于复杂的工程图形，可结合编辑命令提高图形绘制效率。AutoCAD 2018 提供了丰富的图形编辑功能，本节详细介绍这些命令的调用和操作步骤，利用这些编辑功能，可以大大提高绘图精度和效率。

一、修改命令

（一）删除命令

1. 执行方式

（1）命令行：Erase（快捷命令为 E）✔。

（2）功能区：单击【默认】→【修改】→【删除】按钮 ✎。

（3）菜单栏：选择菜单栏→【修改】→【删除】。

（4）工具栏：单击【修改】工具栏→【删除】按钮 ✎。

（5）快捷菜单：选中要删除的对象右击，选择快捷菜单→【删除】。

根据命令行提示选择要删除的对象即可完成删除操作。

2. 操作步骤

命令行提示与操作如图 3-14 所示。

```
命令: E ERASE
选择对象：指定对角点：找到 1 个

✎ - ERASE 选择对象:
```

图 3-14 删除命令操作步骤

（二）复制命令

1. 执行方式

（1）命令行：Copy（快捷命令为 Co/Cp）✔。

（2）功能区：单击【默认】→【修改】→【复制】按钮 ⊙。

（3）菜单栏：选择菜单栏→【修改】→【复制】。

（4）工具栏：单击【修改】工具栏→【复制】按钮 ⊙。

（5）快捷菜单：选中要复制的对象右击，选择快捷菜单→【复制选择】。

2. 操作步骤

命令行提示与操作如图 3-15 所示。

```
命令: COPY
选择对象：（选择要复制的对象）
```

图 3-15 复制命令操作步骤

用前面介绍的对象选择方法选择一个或多个对象，回车结束选择操作。系统继续提示，如图 3-16 所示。

```
选择对象:
当前设置: 复制模式 = 多个
指定基点或 [位移(D)/模式(O)] <位移>:
指定第二个点或 [阵列(A)] <使用第一个点作为位移>:
```

图 3 - 16　复制多个对象时命令行提示

（三）移动命令

1. 执行方式

（1）命令行：Move（快捷命令为 M）✓。

（2）功能区：单击【默认】→【修改】→【移动】按钮✛。

（3）菜单栏：选择菜单栏→【修改】→【移动】。

（4）工具栏：单击【修改】工具栏→【移动】按钮✛。

（5）快捷菜单：选中要复制的对象，在绘图区右击，选择快捷菜单→【移动】。

2. 操作步骤

命令行提示与操作如图 3 - 17 所示。

```
命令: MOVE
选择对象: 找到 1 个
选择对象:
指定基点或 [位移(D)] <位移>:
指定第二个点或 <使用第一个点作为位移>:
```

图 3 - 17　移动命令操作步骤

（四）旋转命令

1. 执行方式

（1）命令行：Rotate（快捷命令为 Ro）✓。

（2）功能区：单击【默认】→【修改】→【旋转】按钮↻。

（3）菜单栏：选择菜单栏→【修改】→【旋转】。

（4）工具栏：单击【修改】工具栏→【旋转】按钮↻。

（5）快捷菜单：选中要复制的对象，在绘图区右击，选择快捷菜单→【旋转】。

2. 操作步骤

命令行提示与操作如图 3 - 18 所示。

```
命令: ROTATE
UCS 当前的正角方向:  ANGDIR=逆时针  ANGBASE=0
窗口(W) 套索  按空格键可循环浏览选项找到 3 个
选择对象:
指定基点:
指定旋转角度, 或 [复制(C)/参照(R)] <0>:
```

图 3 - 18　旋转命令操作步骤

当一个对象要旋转到与参照对象平行时，需要用到旋转命令中的参照旋转（R）。如要使图 3 - 19 中的三角形 CDE 的 CD 边倾斜度和线段 AB 的倾斜度相同，步骤如下所示：移动三角形 CDE 与 AB 相交，其中一个交点为 F（只有相交才可以用参照命令），如图 3 - 20 所示；选择三角形，输入 Ro 命令，指定基点即交点 F；然后，根据命令行的提示输入 "R" 回车，根据提示选定 "参照角"，选择 CD 上的任意两点；根据命令栏的提示 "指定新角度"，单击 AB 线段上的点即可；这时就把 CD 边的倾斜度旋转为和线段 AB 的倾斜度一样了，如图 3-21 所示。缩放命令也提供了参照缩放选项，使用方法与参照旋转类似。

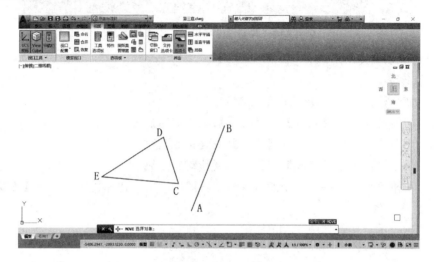

图 3-19 待旋转三角形

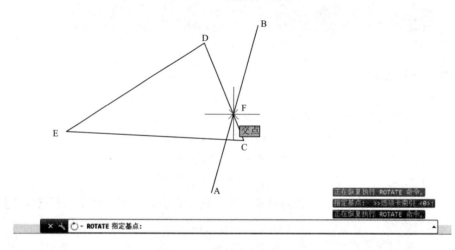

图 3-20 旋转命令操作步骤

（五）缩放命令

1. 执行方式

（1）命令行：Scale（快捷命令为 Sc）↙。

（2）功能区：单击【默认】→【修改】→【缩放】按钮 🔲。

（3）菜单栏：选择菜单栏→【修改】→【缩放】。

（4）工具栏：单击【修改】工具栏中→【缩放】按钮 🔲。

（5）快捷菜单：选中缩放的对象，在绘图区右击，选择快捷菜单→【缩放】。

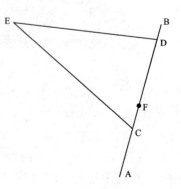

图 3-21 旋转后的三角形

2. 操作步骤

命令行提示与操作如图 3-22 所示。

```
命令: SCALE
窗口(W) 套索    按空格键可循环浏览选项找到 3 个
选择对象:
指定基点:
指定比例因子或 [复制(C)/参照(R)]: 1.5
```

图 3-22　缩放命令操作步骤

(六) 修剪命令

1. 执行方式

(1) 命令行: Trim (快捷命令为 Tr) ↙。

(2) 功能区: 单击【默认】→【修改】→【修剪】按钮 ✂。

(3) 菜单栏: 选择菜单栏→【修改】→【修剪】。

(4) 工具栏: 单击【修改】工具栏→【修剪】按钮 ✂。

2. 操作步骤

命令行提示与操作如图 3-23 所示。

```
命令: TRIM
当前设置:投影=UCS, 边=延伸
选择剪切边...
选择对象或 <全部选择>: 找到 1 个
选择对象:
选择要修剪的对象, 或按住 Shift 键选择要延伸的对象, 或
[栏选(F)/窗交(C)/投影(P)/边(E)/删除(R)/放弃(U)]:  R
选择要删除的对象或 <退出>: 找到 1 个
```

图 3-23　修剪命令操作步骤

(七) 延伸命令

1. 执行方式

(1) 命令行: Extend (快捷命令为 Ex) ↙。

(2) 功能区: 单击【默认】→【修改】→【延伸】按钮 ➞。

(3) 菜单栏: 选择菜单栏→【修改】→【延伸】。

(4) 工具栏: 单击【修改】工具栏→【延伸】按钮 ➞。

2. 操作步骤

命令行提示与操作如图 3-24 所示。

```
命令: _extend
当前设置:投影=UCS, 边=无
选择边界的边...
选择对象或 <全部选择>: 找到 1 个
选择对象: 找到 1 个, 总计 2 个
选择对象:
选择要延伸的对象, 或按住 Shift 键选择要修剪的对象, 或
[栏选(F)/窗交(C)/投影(P)/边(E)/放弃(U)]:
```

图 3-24　延伸命令操作步骤

3. 修剪和延伸命令的转换

修剪和延伸命令是编辑命令中使用频率较高的命令，延伸命令和修剪命令的效果相反，两个命令在使用过程中可以通过按【Shift】键相互转换。修剪和延伸命令转换的基本操作步骤如下：

（1）输入 Tr 命令↙。

（2）点选图 3 - 25 中的边界对象（也称切割对象）↙。

（3）在修剪对象的上半部分单击，完成修剪。

（4）按住【Shift】键，单击要延伸的对象，完成延伸。结果如图 3 - 26 所示。

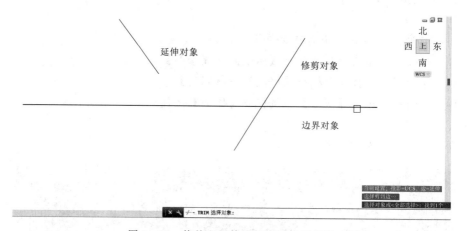

图 3 - 25　修剪和延伸相互转换使用步骤

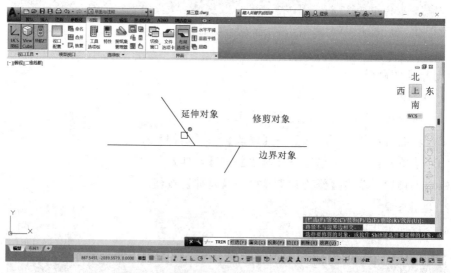

图 3 - 26　修剪和延伸相互转换使用结果

4. 命令选项"边（E）"

即使选择的边界对象与修剪对象不相交，但延长线能相交，也可以使用 Auto-CAD 提供的选择边模式［命令行中简写为边（E）］进行修剪。如图 3 - 27 所示，选择边界对象后，命令行提示：

选择要修剪的对象,或按住 Shift 键选择要延伸的对象,或
[栏选(F)/窗交(C)/投影(P)/边(E)/删除(R)/放弃(U)]:

　　此时输入 E,就可以将边缘模式设置为延伸或不延伸,只要设置为延伸,就可以用修剪边界的延长线去修剪,结果如图 3－28 所示。如果设置不延伸,则无法修剪。延伸命令中该选项的使用与修剪命令相似,此处不赘述。

图 3－27　边缘模式调用　　　　图 3－28　边缘模式使用后效果

(八) 偏移命令

1. 执行方式

(1) 命令行:Offset (快捷命令为 O) ✓。

(2) 功能区:单击【默认】→【修改】→【偏移】按键 ▱。

(3) 菜单栏:选择菜单栏→【修改】→【偏移】。

(4) 工具栏:单击【修改】工具栏→【偏移】按键 ▱。

2. 操作步骤

命令行提示与操作如图 3－29 所示。

```
命令: OFFSET
当前设置: 删除源=否　图层=源　OFFSETGAPTYPE=0
指定偏移距离或 [通过(T)/删除(E)/图层(L)] <通过>:
选择要偏移的对象, 或 [退出(E)/放弃(U)] <退出>:
指定通过点或 [退出(E)/多个(M)/放弃(U)] <退出>:
```

图 3－29　偏移命令操作步骤

【**实例 3－6**】　绘制如图 3－30 所示排风道平面图。

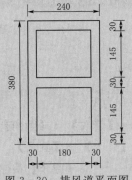

图 3－30　排风道平面图

资源 3.4
排风道
平面图
的绘制

解:绘制过程详见资源 3.4。

（九）镜像命令

1. 执行方式

（1）命令行：Mirror（快捷命令为 Mi）✓。

（2）功能区：单击【默认】→【修改】→【镜像】按钮 ▲。

（3）菜单栏：选择菜单栏→【修改】→【镜像】。

（4）工具栏：单击【修改】工具栏→【镜像】按钮 ▲。

2. 操作步骤

命令行提示与操作如图 3-31 所示。

```
命令: _mirror
选择对象: 找到 1 个
选择对象:  指定镜像线的第一点:
指定镜像线的第二点:
要删除源对象吗?[是(Y)/否(N)] <否>: N
```

图 3-31 镜像命令操作步骤

（十）阵列命令

1. 执行方式

（1）命令行：Array（快捷命令为 Ar）✓。

（2）功能区：单击【默认】→【修改】→【矩形阵列】按钮 ▦/【路径阵列】按钮/ ～ 【环形阵列】按钮 ✛。

（3）菜单栏：选择菜单栏→【修改】→【阵列】。

（4）工具栏：单击【修改】工具栏→【矩形阵列】按钮 ▦/【路径阵列】按钮 ～/【环形阵列】按钮 ✛。

2. 操作步骤

命令行提示与操作如图 3-32 所示。

```
命令: ARRAY
选择对象: 找到 1 个
选择对象:  输入阵列类型 [矩形(R)/路径(PA)/极轴(PO)] <路径>: R
类型 = 矩形  关联 = 是
选择夹点以编辑阵列或 [关联(AS)/基点(B)/计数(COU)/间距(S)/列数(COL)/行数(R)/层数(L)/退出(X)] <退出>:
```

图 3-32 阵列命令操作步骤

（十一）圆角命令

1. 执行方式

（1）命令行：Fillet（快捷命令为 F）✓。

（2）功能区：单击【默认】→【修改】→【圆角】按钮 ◠。

（3）菜单栏：选择菜单栏→【修改】→【圆角】。

（4）工具栏：单击【修改】工具栏→【圆角】按钮 ◠。

2. 操作步骤

命令行提示与操作如图 3-33 所示。

```
命令: FILLET
当前设置: 模式 = 修剪, 半径 = 0.0000
选择第一个对象或 [放弃(U)/多段线(P)/半径(R)/修剪(T)/多个(M)]:
选择第二个对象, 或按住 Shift 键选择对象以应用角点或 [半径(R)]: R
指定圆角半径 <0.0000>: 20
```

图 3-33 圆角命令操作步骤

(十二) 分解命令

1. 执行方式

(1) 命令行: Explode (快捷命令为 X) ↙。

(2) 功能区: 单击【默认】→【修改】→【分解】按钮 ⬚。

(3) 菜单栏: 选择菜单栏→【修改】→【分解】。

(4) 工具栏: 单击【修改】工具栏→【分解】按钮 ⬚。

2. 操作步骤

命令行提示与操作如图 3-34 所示。

```
命令: EXPLODE
选择对象: 找到 1 个
选择对象: 选择一个对象后, 该对象会被分解, 系统继续提示该行信息, 允许分解多个对象
```

图 3-34 分解命令操作步骤

二、夹点功能

AutoCAD 的夹点功能是一种非常灵活的编辑功能, 利用它可以实现对象的拉伸、移动、旋转、镜像、缩放、复制。在不输入任何命令的情况下拾取对象, 被拾取的对象上将显示夹点标记。夹点标记就是选定对象上的控制点, 如图 3-35 所示, 不同对象控制的夹点是不同的。如圆弧共有四个夹点: 圆心、起点、中间点、终点。对于由多段线构成的图形对象, 如矩形、正多边形等, 其夹点称为多功能夹点。利用多功能夹点, 可以实现多段线的编辑。

当对象被选中时夹点是蓝色的, 称为"冷夹点"。鼠标在某个夹点悬停时, 该夹点变为浅红色, AutoCAD 弹出快捷菜单, 显示可对当前点进行的操作, 如图 3-36 所示。如果再次单击对象的某个夹点, 则变为深红色, 称为"暖夹点", 按住【Shift】键还可以同时选择多个夹点为"暖夹点"。

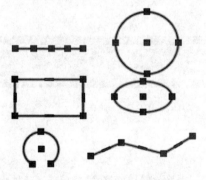

图 3-35 各种对象的控制点图

图 3-36 悬停夹点显示菜单

当出现"暖夹点"时,命令行提示:

> 命令:拉伸
> 指定拉伸点或[基点(B)/复制(C)/放弃(U)/退出(X)]:

通过按回车键可以在拉伸、移动、旋转、缩放、镜像编辑方式之间进行切换。也可以右击,在弹出的快捷菜单上选择编辑命令。

例如,选择一条直线后,直线的端点和中点处将显示夹点。单击端点,使其成为"暖夹点"后,此端点可以拖动到任何位置,从而实现线段的伸缩,如图3-37(a)所示。单击中点,使其成为"暖夹点"后,拖动到任何位置,从而实现线段的移动,如图3-37(b)所示。

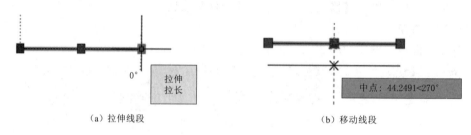

(a)拉伸线段   (b)移动线段

图3-37 夹点编辑线段

三、图案填充

在工程和产品设计中,经常会通过图案填充来区分设备的零件或表现组成对象的材质。例如,在建筑图中用填充的图案表示构件的材质或用料。

AutoCAD提供了实体填充以及60多种行业标准填充图案,可以使用它们区分零件或表现对象的材质。AutoCAD还提供了11种符合ISO标准的填充图案。

调用图案填充命令的方法如下:

(1)功能区:【默认】→【绘图】→【图案填充】按钮▨。

(2)命令行:Bhatch(Bh)↙。

(一)图案填充创建

单击【图案填充】命令,功能区面板转换为【图案填充创建】专用功能区上下文选项卡,如图3-38所示。

图3-38 【图案填充创建】专用功能区上下文选项卡

(二)选项详解

1.【图案】面板

显示所有预定义和自定义图案的预览图像,用于设置填充图案。单击按钮▾展开【图案】面板,如图3-39所示。

2.【特性】面板

用于设置填充图案的特性，如图 3-38 所示。在【特性】面板中，可对图案填充的类型、颜色、背景颜色、透明度、角度、比例等内容进行设置。各主要功能如下：

（1）【图案填充类型】下拉列表框，用于设置填充图案的类型，包括"实体""图案""渐变色"和"用户定义"四个选项。单击【图案填充类型】下拉列表框，弹出如图 3-40 所示对话框。选择其中任何一种图案类型，则在【图案】面板显示相应类型的填充图案。"实体""渐变色"和"图案"选项可以让用户使用系统提供的已定义的图案，包括 ANSI、ISO 和其他预定义图案。"用户定义"选项用于基于图形的当前线型创建直线图案，可以使用当前线型定义指定角度和比例，创建自己的填充图案。

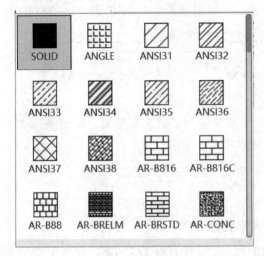

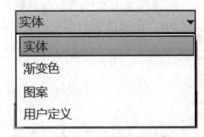

图 3-39　【图案】面板 　　　　　　　　图 3-40　【图案填充类型】下拉列表框

（2）【图案填充颜色】下拉列表框，用于设置填充图案的颜色。单击【图案填充颜色】下拉列表框，弹出如图 3-41（a）所示颜色下拉列表。用户可以在其中选择一种颜色，或单击【更多颜色】，在【选择颜色】对话框中选择一种颜色作为填充图案的颜色，如图 3-41（b）所示，则以此颜色来填充选定图形。

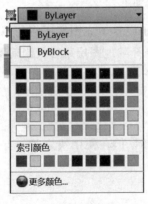

（a）颜色下拉列表 　　　　　　　　（b）【选择颜色】对话框

图 3-41　图案填充的颜色选择

（3）【背景色】下拉列表框，用于设置填充图案区域的背景颜色。单击【背景色】列表框，弹出【背景色】下拉列表框，与图 3-41（a）类似。用户在下拉列表框中选择一种颜色或单击"选择颜色"，在【更多颜色】对话框中选择一种颜色作为填充图案背景的颜色。

（4）【图案填充透明度】列表框，用于设置新的填充图案的透明度。拖动滑块或直接输入数值指定透明度值。透明度值越大，填充图案颜色越浅；若存在被其遮挡的对象，则该对象显示越清晰。

（5）【图案填充角度】列表框，用于设置填充图案的旋转角度（相对当前 UCS 坐标系的 X 轴）。拖动滑块或直接输入数值指定角度，选择填充图案为"ANSI31"，角度分别为 0°、60°和 90°，填充结果如图 3-42 所示。当填充图案为"实体"时，此项不可用。

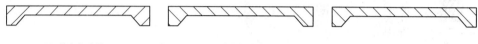

（a）填充角度为0°　　　　　（b）填充角度为60°　　　　　（c）填充角度为90°

图 3-42 设置填充图案的旋转角度

（6）【图案填充比例】列表框，放大或缩小预定义或自定义图案，如图 3-43 所示。只有将图案填充类型设置为图案时，此选项才可使用。

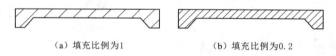

（a）填充比例为1　　　　　　（b）填充比例为0.2

图 3-43 不同图案填充比例

（7）【图案填充间距】列表框，指定用户定义图案中的直线间距。仅当图案填充类型设定为用户定义时，此选项才可用。图 3-44 中，图案填充类型设定为用户定义，角度为 0°，图案填充间距分别为 1 和 0.2。

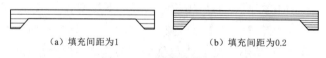

（a）填充间距为1　　　　　　（b）填充间距为0.2

图 3-44 图案填充间距

（8）【图案填充图层替代】下拉列表框，用于设置填充图案所在的图层。默认状态为"使用当前图层"，用户可以在下拉列表中选择其他图层来替代当前图层。

（9）【相对图纸空间】复选框，用于决定是否将比例因子设为相对于图纸的空间比例。该选项仅适用于布局空间。

四、图块及属性

在 AutoCAD 中使用块可以大大提高绘图效率，但在使用块之前，首先需要创建块，这实际上就是向块库里增加块的定义。

（一）创建块

1. 命令

创建块的前提是要将组成块的图形预先绘制出来。有了绘制好的原始图形对象后，创建块的过程就很简单了。激活创建块的命令的方法如下：

（1）功能区：【插入】→【块】🖼️。

（2）命令行：Block（B）↙。

2. 实例

下面用一个简单的实例来讲解块的创建过程。

【实例3-7】　绘制水工建筑物图时常需要标注不同的水位，如果将标高符号创建成块，就可以方便设计工作。将水位标高符号创建成块，水位标高符号如图3-45所示。

图3-45　水位标高符号

解：（1）单击【插入】标签→【块定义】面板→【创建块】下拉式列表→【创建块】命令，此时 AutoCAD 会弹出【块定义】对话框，在"名称"下拉列表框中输入"水位标高符号"作为块名，如图3-46所示。

图3-46　【块定义】对话框

（2）单击"基点"选项区域的【拾取点】按钮，提示拾取一个坐标点作为这个块的基点（也就是块的插入点），单击鼠标左键拾取倒三角和横线交点为基点，此时应打开对象捕捉功能以确保准确地拾取到该点，如图3-47所示。拾取好基点后回到【块定义】对话框。

（3）单击"对象"选项区域的【选择对象】按钮，AutoCAD 会提示选取组成块的图形对象，这时使用窗口模式选择水位标高符号图形对象，如图3-48所示。选择完对象后按回车键回到【块定义】对话框，此时的对话框如图3-49所示。

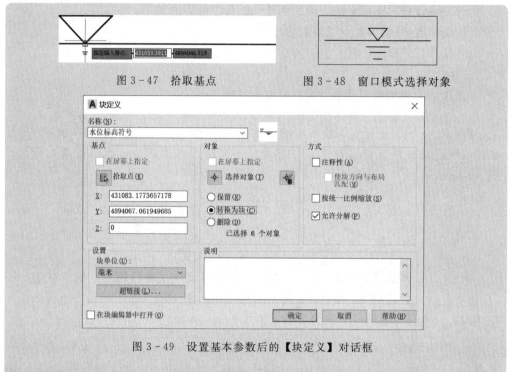

图 3-47　拾取基点　　　　　　图 3-48　窗口模式选择对象

图 3-49　设置基本参数后的【块定义】对话框

（4）确保在"对象"选项区域中选择"转换为块"选项，注意此处"注释性"复选框不用勾选，因为对于图形块来说，是需要在不同出图比例中进行缩放的，而符号块需要增加注释性特性。单击【确定】按钮，完成块的定义，此时单击刚

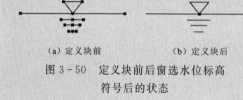

（a）定义块前　　　　（b）定义块后

图 3-50　定义块前后窗选水位标高
符号后的状态

刚定义好的块或者将光标移到块图形上，就会发现原本零散的图形对象变成了一个整体，如图 3-50 所示。这样就在当前图形中创建了一个名为"水位标高符号"的块。

3. 块的定义

块的定义包括三个基本要素，即名称、基点、对象，这三个要素缺一不可。

（1）"名称"下拉列表框。在相应的文本编辑框中输入块名或者在下拉列表中选取当前图形中已经存在的块名。

（2）"基点"选项区域。此区域指定块的插入基点坐标。默认值为（0，0，0）。定义块时的基点实际上是插入块时的位置基准点，可以在 X、Y、Z 三个坐标文本框中直接键入坐标值。一般采用的方法是单击【拾取点】按钮选取一个块图形中的特征点作为基点坐标。

（3）"对象"选项区域。此区域指定新块中要包含的对象，以及创建块以后是保留或删除选定的对象，还是将它们转换成块实例。虽然在 AutoCAD 2018 中允许不包含对象的空块被创建，但是对于工程实际应用来讲，没有图形的空块是没有实际应用价值的。

选择对象的方法不做赘述，下面来看一下此区域中三个选项"保留""转换为块"

和"删除"的含义。块实际上存在于一个专门的块库中,这个专门的库并不在图形中直接显示,插入块时仅仅是调用库中的块图形,并将之显示出来,创建完块以后,块的定义已经保存到当前图形文件的块库中了。创建块的原始对象对我们来讲可能已经没有价值,这三个选项便提出了对这些原始对象的处理方法。

(二)块的属性

一般情况下,定义的块只包含图形信息,而有些情况下需要定义块的非图形信息,比如定义的零件图块需要包含零件的名称、规格、形式等信息,这类信息可以显示在图形中,也可以不显示,但在需要的时候可以提取出来,还可以对需要的信息进行统计分析。块的属性便可以定义这一类的非图形信息。

1. 定义及使用块的属性

要让一个块附带有属性,首先需要绘制出块的图形并定义属性,然后将属性连同图形对象一起创建成块。而且在插入块的时候会提示输入这些属性值。使用块属性的步骤如下:

(1)规划哪些对象是块,块需要哪些属性。

(2)创建组成块的对象。

(3)定义所需的各种属性。

(4)将组成块的对象和属性一起定义成块。

(5)插入定义好的包含属性的块,按照提示输入属性值。

2. 命令

绘制好图形后创建属性,激活创建属性的命令有两种方式:

(1)功能区:【插入】→【块定义】→【定义属性】按钮 。

(2)命令行:Attdef↙。

3. 实例

【**实例 3-8**】 以［实例 3-7］中创建的"水位标高符号"为例创建带属性的块。

解:(1)定义属性。单击【插入】→【块定义】→【定义属性】按钮 ,弹出【属性定义】对话框,如图 3-51 所示。

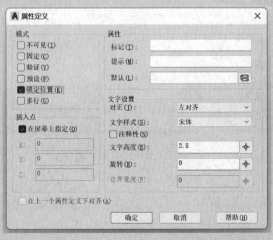

图 3-51 【属性定义】对话框

　　左边的"模式"选项区域列出了属性的 6 种模式，其中："不可见"模式设定此属性在图形中不显示；"固定"模式设定此属性已被预先给出属性值，不必在插入块时输入，并且此属性值不能修改；"验证"模式设定此属性在插入块时提示验证属性值是否正确；"预设"模式设定此属性在插入块时将属性值设置为默认值；"锁定位置"模式设定此属性在块中的位置；"多行"指定属性值可以包含多行文字。

　　（2）完成"BG"属性的定义。在"属性"选项区域内的"标记"文本框中输入属性标记"BG"，在"提示"文本框中输入"请输入标高"，在"默认"文本框中输入"％％p0.00"。选取"模式"选项区域的"锁定位置"复选框，在"文字设置"选项区域的"文字高度"文本框中输入"2.5"，单击【确定】按钮，在水位标高图中拾取倒三角下顶点，完成"BG"属性的定义。

　　（3）按照此方法完成"用途"属性的定义。注意定义这个属性时都只选取"不可见"复选框，并且选取"在上一个属性定义下对齐"复选框，"用途"属性的默认值为"水工用"。最后完成的属性定义如图 3－52 所示。

图 3－52　属性定义

　　（4）将此图形连同属性一起定义为"水工标高符号"的块。单击【插入】标签→【块定义】面板→【创建块】命令，弹出【块定义】对话框，如图 3－53 所示。基点拾取倒三角下顶点，选取对象时将标高符号连同属性一起选中，并选取"删除"选项，最后单击【确定】按钮，完成后屏幕上的图形将消失。此时图形已经被定义成块并存放在文件的块库中，在图形中并不显示。

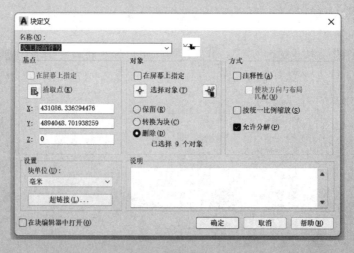

图 3－53　【块定义】对话框

　　（5）在当前图形中插入定义好的带属性的块。执行插入块的命令，并选择"水工标高符号"，弹出对话框如图 3－54（a）所示；在屏幕上制定插入点后，弹出【编辑属性】对话框，在对话框中输入"％％p0.00"，如图 3－54（b）所示；单击确定后，插入的块如图 3－54（c）所示。

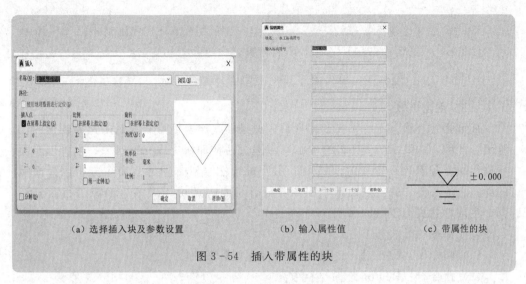

（a）选择插入块及参数设置　　　　（b）输入属性值　　　　（c）带属性的块

图 3-54　插入带属性的块

利用属性还可以创建一些带参数的符号和标题栏等，AutoCAD 样板图中的标题栏就使用了带属性的块来创建。使用的时候仅需要按提示输入属性就可以完成标题栏中各项目的填写。

五、创建边界与面域

（一）创建边界

边界命令可将由直线、圆弧、多段线等多个对象组合形成的封闭图形构建为一个独立的多段线。

调用边界命令的方法如下：

（1）功能区：【默认】→【绘图】→【图案填充】→【边界】按钮。

（2）命令行：Boundary↙。

【实例 3-9】 将图 3-55 所示的 A、B、C 三个区域创建为边界。

解： 操作步骤如下：

（1）单击【绘图】面板→【图案填充】→【边界】按钮，系统弹出【边界创建】对话框，如图 3-56 所示。

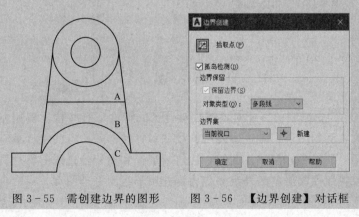

图 3-55　需创建边界的图形　　　图 3-56　【边界创建】对话框

（2）单击【拾取点】按钮，AutoCAD 切换到绘图屏幕，分别拾取图 3 - 55 所示的 A、B、C 三个区域中任意点后按回车键，命令行提示："BOUNDARY 已创建 3 个多段线"。

（二）创建面域

面域是由直线、圆、圆弧、多段线、样条曲线组合而形成的封闭边界创建的二维闭合区域，它要求边界不能自交。可以通过拉伸面域生成三维对象，也可以对面域进行填充和着色。生成的面域可以用质量特性（Massprop）命令分析，如面域的面积、质心等，并能从面域中提取其设计信息；还可以对多个面域进行布尔运算，生成形状更为复杂的面域。

调用命令的方法如下：

（1）功能区：【默认】→【绘图】→【面域】按钮 ◻。

（2）命令行：Region↙。

AutoCAD 将选择集的闭合多段线、直线和曲线进行转换，以形成闭合的平面环（面域的外边界和孔）。如果有两个以上的曲线共用一个端点，得到的面域可能是不确定的。

面域的边界由端点相连的曲线组成，曲线上的每个端点仅连接两条边。AutoCAD 不接受所有相交或自交的曲线。

【实例 3 - 10】将图 3 - 55 所示的图形转换为面域。

图 3 - 57　将多段线转化为面域

解：创建面域过程如下：

命令:Region
选择对象:(选择全部对象回车结束)
已提取 6 个环
已创建 6 个面域(系统提示生成的环和面域)

从图形表面看不出任何变化，在菜单栏中选择【视图】标签→【视觉样式】列表的【概念】选项后，可以看到如图 3 - 57 所示的效果。

第三节　对　象　特　性

在 AutoCAD 中绘制的每个对象都具有自己的特性。有些特性属于基本特性，适用于所有对象，例如图层、颜色、线型、线宽和打印样式；有些特性属于专有几何特性，适用于某一类对象，例如，圆的特性包括半径和面积，直线的特性则包括长度和角度等。对象特性控制对象的外观和行为，并用于组织管理图形。

当指定图形中的当前特性时，所有新创建的对象都将自动使用这些设置。如

图 3-58 所示，如果将当前图层设定为轮廓线，所创建的对象将在轮廓线图层中。

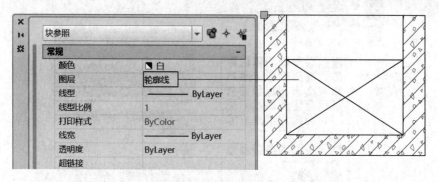

图 3-58 当前图层为轮廓线时新创建图形的图层特性

通过图层（ByLayer）或通过明确指定特性（独立于其图层），可以设置对象的某些特性。

一、对象特性的编辑

对于新创建的对象，其特性由功能区【默认】标签中【特性】面板的当前特性所控制，如图 3-59 所示。

默认的【特性】面板有 4 个下拉列表，分别控制对象的颜色、线宽、线型和打印样式。颜色、线型、线宽的默认设置都是"ByLayer"，意即"随层"，表示当前的对象特性随图层而定，并不单独设置。

打印样式的当前设定为"随颜色"，但是此列表为灰显，也就是说，在此状态下不能进行设置。打印样式有两种选择，即颜色相关和命名相关，一般情况下都是用默认的颜色相关打印样式，有关打印样式详见第六章。

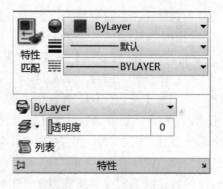

图 3-59 【特性】面板

透明度用来控制对象的显示特征。默认状态下透明度随图层 0 并且不透明。

利用【特性】面板可以设置对象的特性，显示当前的特性设置，还可以在选择对象时，显示被选择对象的特性。

1. 设置颜色

调用颜色命令的方法如下：

（1）功能区：【默认】→【特性】→【颜色】下拉列表。

（2）命令行：Color↙。

用户可以在【颜色】下拉列表中选择一种颜色，如图 3-60（a）所示。或单击【更多颜色...】选项，AutoCAD 弹出【选择颜色】对话框，如图 3-60（b）所示。在其中选择一种颜色块作为当前颜色，以后创建的对象都使用此颜色，直至选择新的颜色为止。

可以看到，列表中有"ByLayer"和"ByBlock"两项，这都属于逻辑特性，在线

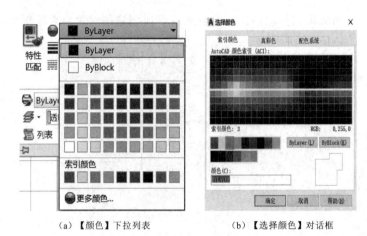

（a）【颜色】下拉列表 　　　　　　　（b）【选择颜色】对话框

图 3 - 60　设置对象颜色时的对话框

型、线宽特性列表中都有这两项。对于"ByLayer"，就是随图层而定，而"ByBlock"表示对象的颜色特性随图块而定。

2．设置线型

用户可以根据需要为对象设置线型。一旦线型设置后，以后创建的对象均采用此线型，直至选择新的线型为止。

调用线型命令的方法如下：

（1）功能区：【默认】→【特性】→【线型】下拉列表。

（2）命令行：Linetype✓。

用户在【线型】下拉列表中选择一种线型，如图 3 - 61（a）所示。或选择【其他...】选项，AutoCAD 弹出【线型管理器】对话框，如图 3 - 61（b）所示。并不是全部线型都出现在"线型"列表中，默认的图形中只加载了三种线型，其中两种是逻辑线型特性"ByLayer"和"ByBlock"，另外一种是连续线，也就是实线。如果还需要使用其他线型，可以从线型文件中加载。

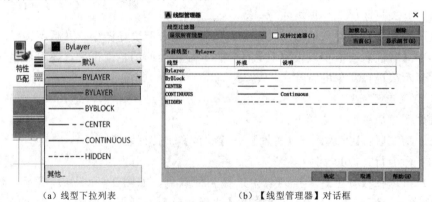

（a）线型下拉列表 　　　　　　　（b）【线型管理器】对话框

图 3 - 61　线型设置

单击【线型管理器】对话框中【加载】按钮 加载(L)... ，AutoCAD 弹出【加载或重载线型】对话框，如图 3 - 62 所示。

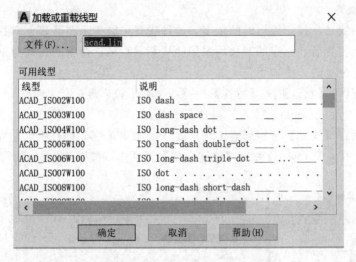

图 3-62 【加载或重载线型】对话框

用户可以在【加载或重载线型】对话框中选择要加载的线型，或在列表中右击，在右键快捷菜单中选择"全部选择"，单击【确定】按钮，选择的线型就被添加到【线型管理器】对话框的"线型"列表中。

【加载或重载线型】对话框所列的线型都是在线型文件"acadiso.lin"中定义的，符合 ISO 标准的 AutoCAD 线型定义。用户也可以选择其他线型文件，甚至可以自己定义需要的线型文件。

有时由于线型的比例不合适，绘制的线条不能正确反映线型，如虚线、中心线等显示仍为实线，可以通过调整线型比例来解决此问题。在【线型管理器】对话框中单击【显示细节】按钮 显示细节(D)，可以打开"详细信息"选项区域，如图 3-63 所示。

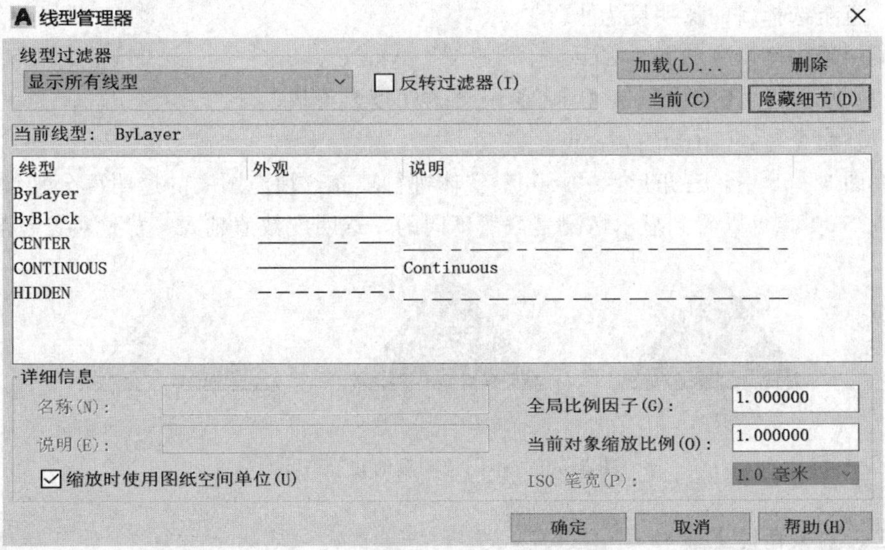

图 3-63 【线型管理器】对话框的"详细信息"选项区域

3. 设置线宽

线宽是指线条在打印输出时的宽度，这种线宽可以显示在屏幕上，并输出到图纸中。一旦线宽设置后，创建的对象均采用此线宽，直至选择新的线宽为止。

调用线宽命令的方法如下：

（1）功能区：【默认】→【特性】→【线宽】下拉列表。

（2）命令行：Lweight↙。

用户可以在【线宽】下拉列表中选择线宽，如图 3-64（a）所示。或选择【线宽设置...】选项，AutoCAD 弹出【线宽设置】对话框，如图 3-64（b）所示。

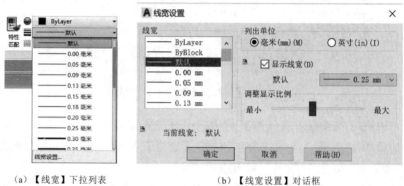

（a）【线宽】下拉列表　　　　　　　（b）【线宽设置】对话框

图 3-64　设置线宽

4. 设置透明度

用户可以根据需要为对象设置透明度。通过拖动透明度滑块或直接输入数值来改变对象的透明度，透明度取值范围为 0°～90°，0° 表示完全不透明，值越大透明度越高，即对象本身显示越浅，背景越清晰。一旦透明度设置后，创建的对象均采用此透明度，直至选择新的透明度为止。

调用透明度命令的方法如下：

（1）功能区：【默认】→【特性】→【透明度】滑块。

（2）命令行：Cetransparency↙。

在图 3-65 中，三角形用 "solid" 实体进行填充，填充图案的透明度分别设置为0°、45°、90°，可以看到显示情况是截然不同的，透明度数值越大，背景对象越清晰。

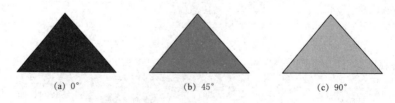

（a）0°　　　　　　　（b）45°　　　　　　　（c）90°

图 3-65　不同透明度时填充效果

二、对象特性工具

可以从多个工具中进行选择，这些工具根据正在进行的工作控制对象特性。

（一）使用【特性】选项板

【特性】选项板提供所有特性设置的最完整列表，如图 3-66 所示。

（1）如果没有选定对象，可以查看和更改要用于所有新对象的当前特性。

（2）如果选定了单个对象，可以查看并更改该对象的特性。

（3）如果选定了多个对象，可以查看并更改多个对象的常用特性。

（二）使用【快捷特性】选项板

通常，可以双击对象来打开【快捷特性】选项板，然后修改其特性，如图 3-67 所示。

注：当双击多种类型的对象而不是【快捷特性】选项板时，打开编辑器或启动特定于对象的命令。这些类型的对象包括块、多段线、样条曲线和文字；当双击每个类型的对象时，可使用【自定义用户界面（CUI）】对话框来控制使用哪些选项板或命令。

（三）使用功能区中的【特性】面板

在功能区中的【常用】选项卡上，使用【图层】和【特性】面板来确认或更改最常访问的特性的设置，如图层、颜色、线宽和线型，如图 3-68 所示。

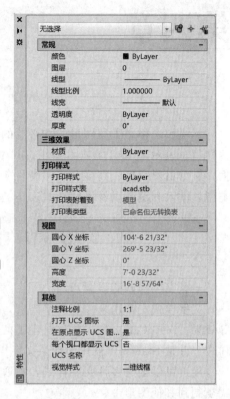

图 3-66　【特性】选项板

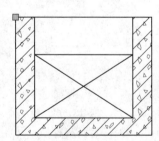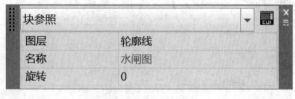

图 3-67　被选中对象及其快捷特性

图 3-68　功能区【特性】面板

如果没有选定任何对象，上面亮显的下拉列表将显示图形的当前设置；如果选定了某个对象，该下拉列表显示该对象的特性设置。

第四章

标注和表格绘制

标注和表格是工程图形非常必要的组成部分。标注可以将一些用几何图形难以表达的信息表示出来，如技术要求、尺寸、标题栏、明细栏等；表格用来记录一些数据，例如材料宽度、高度和工程特性等。本章主要介绍文字和尺寸标注的设置方法、类型、输入和编辑以及不同样式表格的创建和编辑等。

第一节 文 字 标 注

一、文字样式的设置方法

文字样式主要用来控制文字高度，以及颠倒、反向、垂直、宽度比例、倾斜角度等效果。AutoCAD 2018 自动创建了两个名称分别为 Annotative 和 Standard 的文字样式，并且 Standard 被作为默认文字样式，字体为 Arial，高度为 0，宽度比例为 1。

用户可以创建多种文字样式，并通过 AutoCAD 2018 设计中心把创建好的文字样式复制到其他图形中。

（一）设置文字样式的命令

（1）单击功能区【注释】标签→【文字】面板→【文字样式】按钮 ⊾ 。

（2）直接在命令行输入命令：Style 或 St↙。

将会弹出【文字样式】对话框，如图 4-1 所示。

图 4-1 【文字样式】对话框

（二）新建文字样式的方法

（1）新建文字样式。以新建样式名为"工程字"的文字样式为例。在【文字样式】对话框中单击【新建】按钮，弹出【新建文字样式】对话框，在"样式名"文本框中输入"工程字"，如图 4-2 所示，单击【确定】按钮，这样就创建了一个名为"工程字"的新文字样式。

（2）选择文字字体。在【字体】中取消"使用大字体"复选框，"字体名"的列表框会显示所有 AutoCAD 2018 中编译型（.shx）和已注册的 TrueType 字体。所谓大字体是指亚洲国家如日本、韩国、中国等使用非拼音文字的大字符集字体，AutoCAD 2018 为这些国家专门提供了符合地方标准的形（.shx）字体。

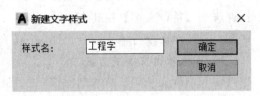

图 4-2　【新建文字样式】对话框

若选择 TrueType 字体，则列表框如图 4-3 所示；若选择编译型（.shx）字体，则需勾选"使用大字体"复选框，则列表框如图 4-4 所示，此时在"文字样式"下拉列表中可以选择字体文件，常用字体文件为"gbeitc.shx"。

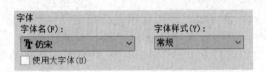

图 4-3　选择 TrueType 字体

图 4-4　选择编译型（.shx）字体

（3）输入文字高度：在"大小"选项区→"高度"文本框中设置字体高度。若高度设置为 0，输入文字时将被提示指定文字高度。若此处输入文字高度，当使用该文字样式时，命令行不再提示输入文字高度，而默认采用此处设置的字高。

（4）效果显示。在"效果"选项区设置文字的显示效果。在"颠倒"复选框中设置文字为倒置效果；在"反向"复选框中设置文字为反向状态；在"垂直"复选框中设置文字为垂直状态。

（5）设置文字宽高比、倾斜角度：在"宽度因子"文本框内设置字体的宽高比，此处默认为 1，在"倾斜角度"文本框中设置字体的倾斜角度，此处默认为 0。

在宽度因子大于 1 时，文字宽度被扩展，否则将被压缩。AutoCAD 2018 只允许文字的倾斜角度在-85°～85°之间。

（6）对话框中的"注释性"复选框用于设置文字样式的注释性特性。注释性特性的目的是在非 1:1 比例出图的时候不用反复去调整文字、标注、符号的比例。此处将之勾选，选上后会发现"工程字"文字样式旁增加了一个比例尺的符号，这表示这个文字样式具有注释性特性。

（7）单击【置为当前】按钮，可将"样式"列表中选定的文字样式置为当前。

（8）单击【删除】按钮，可以将多余的文字样式删除。默认的 Standard 样式、当前文字样式以及当前正使用的文字，都不能被删除。

（9）单击【应用】按钮，最后设置的文字样式将被看作当前文字样式。

二、单行文字的输入

（一）启用单行文字的输入与编辑的命令

（1）单击功能区【注释】标签或者【默认】标签→【文字】面板→【多行文字】下拉列表→【单行文字】按钮 $\mathbf{AI}$。

（2）直接在命令行输入命令：Dtext 或 Dt↙。

（二）输入单行文字的方法

以输入单行文字"三峡水利枢纽""平面布置图"为例。

（1）启用单行文字命令后，命令行提示如下：

> 当前文字样式:"Standard"　文字高度:2.5000　注释性:否
> 对正:

此时可以根据提示分别输入 J 和 S 修改对正格式和样式。

（2）在绘图区指定一点作为文字插入点，命令行会先后提示"指定文字高度＜2.5000＞"（与当前文字设置相同）和"指定文字的旋转角度＜0＞"，可根据需要修改文字高度和旋转角度。可以在命令行输入，也可以在绘图区用光标指定。

（3）设置完成后按回车键，绘图区出现如图 4-5 所示的单行文字输入框，然后在命令行输入"三峡水利枢纽"。

（4）按下回车键换行，然后在下一行文字命令行中输入"平面布置图"。

（5）连续按两次回车键，结束单行文字命令，结果如图 4-6 所示（文字被选中的状态）。

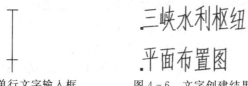

图 4-5　单行文字输入框　　　　　图 4-6　文字创建结果

（三）对正文字

单行文字中的对正选项用于决定字符的哪一部分与指定的基点对齐，默认的对齐方式是左对齐，因此对于左对齐文字，可以不必设置对正选项。AutoCAD 2018 共提供了左对齐、居中（中心）、右对齐、对齐、中间、布满、左上、中上、右上、左中、正中、右中、左下、中下和右下等 15 种对齐方式，部分对齐方式如图 4-7 所示。

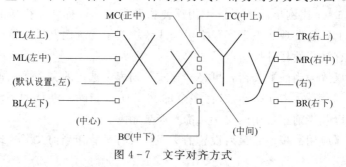

图 4-7　文字对齐方式

注写文字时，可根据命令行提示先进行对正格式的设置，也可以在注写完成后进行对正格式的修改，修改步骤如下：

（1）单击功能区【注释】标签→【文字】面板→【对正】按钮，或者直接在命令行输入：Justifytext↙。

（2）选择需要调整对正的文字对象，然后按下回车键，退出对象选择。

（3）根据命令行提示输入对正选项。

三、多行文字的输入

多行文字命令主要用来创建较复杂的单行、多行或段落性文字。用户可以通过控制文字的边界框来控制文字段落的宽度和位置。多行文字与单行文字的主要区别在于，多行文字无论行数是多少，创建的段落集都被认为是单个对象。

（一）启用多行文字的输入与编辑的命令

（1）单击功能区【注释】标签或者【默认】标签→【文字】面板→【单行文字】下拉列表→【多行文字】按钮A。

（2）直接在命令行输入命令：Mtext 或 Mt↙。

（二）输入多行文字的方法

启用多行文字命令后，命令行提示如下：

```
当前文字样式:"Standard"　文字高度:2.5　注释性:否
指定第一角点:
```

单击后系统提示如图 4-8 所示。

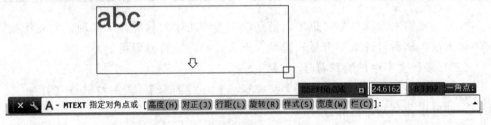

图 4-8　正在执行的多行文字注写

选项说明如下。"高度（H）"：改变当前字体高度。"对正（J）"：选择对正方式，如图 4-7 所示。"行距（L）"：指定多行文字对象的行距。行距是一行文字的底部与下一行文字底部之间的垂直距离。行距类型为［至少（A）/精确（E）］。"旋转（R）"：指定文字边界的旋转角度。"样式（S）"：指定用于多行文字的文字样式。输入"?"可以在文本框中显示所设置的文字样式。"宽度（W）"：指定文字边界的宽度。"栏（C）"：指定文字输出是否分栏。栏类型为［动态（D）/静态（S）/不分栏（N）］。

在系统提示下，可执行如下操作：

（1）指定对角点：指定文字边框的第 2 个角点。文字边框用于定义多行文字对象中段落的宽度。

（2）指定对角点并设置后，可进行多行文字的注写，此时选项卡中会增加【文字编辑器】一项，可以对字体样式、格式、段落和符号等进行编辑，如图4-9所示。

图4-9 【文字编辑器】选项卡界面

（3）输入多行文字内容，单击【关闭文字编辑器】按钮▓退出文字编辑。

四、特殊符号的输入

（一）单行文字中的特殊字符

在进行工程图文字说明时，常需要用到一些特殊符号，如角度符号、正/负号、直径符号等，使用单行文字命令输入某些特殊符号时，可直接输入这些符号的代码。表4-1列出了常用符号的输入代码，以及输入实例和输出效果。

表4-1　　　　　　　　常用特殊符号及其代码

输入代码	意　义	输入实例	输出效果
％％c	直径符号（φ）	％％c60	φ60
％％p	正负符号（±）	50％％p0.5	50±0.5
％％o	文字上划线开关（成对出现）	％％oAB％％oCD	$\overline{ABCD}$
％％u	文字下划线开关（成对出现）	％％uAB％％uCD	$\underline{ABCD}$

此外，要输入特殊符号，也可以借助汉字输入法中的软键盘来实现。首先切换到汉字输入法，然后打开数学符号软键盘，点击选择特殊符号即可。

（二）多行文字中的特殊符号

多行文字注写状态下，单击【文字编辑器】→【符号】@下拉键→【其他…】按钮，就可以找到所需特殊符号。

五、文字编辑

文字编辑命令用于修改编辑现有的文字对象内容，或为文字对象添加前缀或后缀等内容。

（一）启用文字编辑命令的方法

（1）直接在命令行输入命令：Ddedit 或 Ed↙。光标选择需要编辑的对象。

（2）直接在需要编辑的文字上双击。

（二）编辑文字

激活文字编辑命令后，AutoCAD 2018 对单行文字和多行文字的响应是不同的。但无论单行文字还是多行文字，都是采用在位编辑的方式。

1. 单行文字编辑

启用编辑文字命令后，即对文字内容进行修改。修改完成后，按下回车键即可进行下一个文字对象的编辑，再按下回车键即可结束命令。

2. 多行文字编辑

启用编辑文字命令后，功能区面板将切换为【文字编辑器】，如图4-9所示。

在【文字编辑器】面板内，可以修改文字内容，以及文字样式、字体等特性。

3. 文本特性编辑

单击功能区【视图】→【选项板】面板→【特性】按钮，或者在命令行中输入Properties✓。在绘图区中选取要编辑的文本后，在对话框中可以看到要修改文本的特性，包括文本内容、样式、高度、旋转角度等特性，用户可在对话框中对这些文字特性进行修改。

第二节　尺　寸　标　注

一、尺寸标注类型

(一) 线性标注

线性标注是指标注对象在水平或垂直方向的尺寸，且线性标注只能标注水平、垂直方向或者指定旋转方向的直线尺寸，对斜线进行线性标注时，只能拖出水平或垂直方向投影的尺寸线来，而无法标注出斜线的长度（使用旋转选项方法除外），如图4-10所示。

1. 激活命令

(1) 命令行：Dimlinear✓或 Dimlin✓或 Dim✓。

(2) 功能区：【默认】→【注释】→【标注】→【线性】⊢或者【注释】→【标注】→【线性】⊢。

(3) 菜单栏：【标注】→【线性】⊢。

功能区调用该命令如图4-11所示，菜单栏调用该命令如图4-12所示。

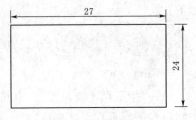

图4-10　线性标注

注： 常用注释命令可以在默认和注释选项卡中调用，下面仅介绍在默认选项卡中调用的方法；常用注释命令均可以采用以上三种方法调用。受篇幅所限，后面注释命令不用详细截图介绍，部分注释仅介绍了一种调用方法。

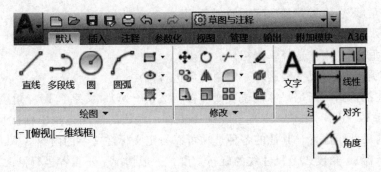

图4-11　功能区调用线性标注

图 4 - 12　菜单栏调用线性标注

2. 命令行提示

执行上述命令后，命令行中的提示如下：

指定第一个尺寸界线原点或<选择对象>：

在此提示下有两种选择：

（1）直接按【Enter】键，光标变为拾取框，命令行中的提示如下：

选择标注对象：

用拾取框拾取要标注尺寸的线段，命令行中的提示如下：

指定尺寸线位置或[多行文字(M)/文字(T)/角度(A)/水平(H)/垂直(V)/旋转(R)]：

（2）指定第一个尺寸界线原点，然后指定第二个尺寸界线原点。命令行中的提示如下：

指定尺寸线位置或[多行文字(M)/文字(T)/角度(A)/水平(H)/垂直(V)/旋转(R)]：

3. 选项说明

（1）"指定尺寸线位置"：直接指定点以确定尺寸线的位置，系统将自动按测量值绘制出水平或垂直尺寸标注。

（2）"多行文字"：用文字编辑器输入尺寸文字。输入 M 并按【Enter】键，弹出【文字格式】对话框，在文字框中显示可编辑状态的数字是系统自动测量的尺寸数字，用户可以在文字框中加上需要的字符，编辑完毕单击【确定】按钮即可。

（3）"文字"：以单行文字形式输入尺寸文字。

（4）"角度"：设置尺寸文字的倾斜角度。

（5）"水平"：用于选择水平标注。

（6）"垂直"：用于选择垂直标注。

（7）"旋转"：将尺寸线旋转一定角度后进行标注。

（8）在执行到"指定尺寸线位置或［多行文字（M）/文字（T）/角度（A）/水平（H）/垂直（V）/旋转（R）］："这一步时，默认的响应是拉出标注尺寸线，自定义合适的尺寸线位置，其他的各种选项可以自定义标注文字的内容（双击文字将弹出文字编辑器）、角度以及尺寸线的旋转角度，一般情况下不推荐进行修改。

（9）最后的标注文字是 AutoCAD 根据拾取的两点之间准确的距离值自动给出

的，不用人工输入，这样的尺寸标注具备关联性，而人工输入的尺寸可能会导致关联性的丧失。

（二）对齐标注

使用对齐标注命令标注的尺寸线与所标注的轮廓线平行，也可以标注水平或垂直方向的尺寸及斜线的长度，如图4-13所示。

1. 激活命令

（1）命令行：Dimaligned✓或Dal✓。

（2）功能区：【默认】→【注释】→【线性】旁的倒三角 ⊢ **线性** ▾→【对齐】↘。

（3）菜单栏： 【标注】→【线性】旁的倒三角 ⊢ **线性** ▾→【对齐】↘。

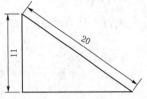

图4-13 对齐标注

2. 命令行提示

执行上述命令后，命令行依次提示如下：

> 指定第一条延伸线原点或＜选择对象＞：
> 指定第二个尺寸界线原点：
> 指定尺寸线位置或［多行文字(M)／文字(T)／角度(A)］：

（三）半径标注

半径标注是指标注圆或圆弧的半径尺寸。半径标注由一条指向圆或圆弧的带箭头的半径尺寸线组成，并显示前面带一个字母R的标注文字，如图4-14所示。

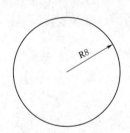

1. 激活命令

（1）命令行：Dimradius✓或Dimrad✓或Dra✓。

（2）功能区：【默认】→【注释】→【线性】旁的倒三角 ⊢ **线性** ▾→【半径】◷。

（3）菜单栏：【标注】→【线性】旁的倒三角 ⊢ **线性** ▾→【半径】◷。

图4-14 半径标注

2. 命令行提示

执行上述命令后，命令行依次提示如下：

> 选择圆弧或圆：
> 指定尺寸线位置或［多行文字(M)／文字(T)／角度(A)］：

3. 选项说明

"指定尺寸线位置"：直接指定点以确定尺寸线的位置，系统将自动按测量值绘制出半径标注。

（四）直径标注

直径标注是指标注圆或圆弧的直径尺寸。直径标注由一条指向圆或圆弧的带箭头的直径尺寸线组成，并显示前面带一个字母φ的标注文字，如图4-15所示。

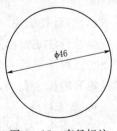

图4-15 直径标注

1. 激活命令

（1）命令行：Dimdiameter↙或 Dimdia↙。

（2）功能区：【默认】→【注释】→【线性】旁的倒三角┣━┫ **线性** ▾→【直径】◌。

（3）菜单栏：【标注】→【线性】旁的倒三角┣━┫ **线性** ▾→【直径】◌。

2. 命令行提示

执行上述命令后，命令行依次提示如下：

> 选择圆弧或圆：
> 指定尺寸线位置或[多行文字(M)/文字(T)/角度(A)]：

3. 选项说明

"指定尺寸线位置"：直接指定点以确定尺寸线的位置，系统将自动按测量值绘制出直径标注。

（五）圆心标注

平时在绘制圆或圆弧时，其圆心位置并不显现。用圆心标记命令可以对圆心进行标记，使得圆心位置非常明显，如图 4－16 和图 4－17 所示。

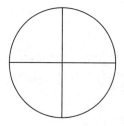 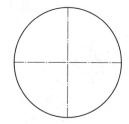

图 4－16　圆心标注前　　　　图 4－17　圆心标注后

1. 激活命令

（1）命令行：Dimcenter↙。

（2）功能区：【注释】→【中心线】→【圆心标记】⊕。

（3）菜单栏：【标注】→【圆心标记】⊕。

2. 命令行提示

执行上述命令后，命令行中的提示如下：

> 选择圆弧或圆：(单击圆弧或圆上任意一点，在圆心位置出现圆心标记符号)

（六）弧长标注

弧长标注是指标注圆弧或多段线圆弧上的距离。弧长标注由一条两端带箭头的弧长尺寸线组成，并显示前面带一个弧长符号的标注文字，如图 4－18 所示。

1. 激活命令

（1）命令行：Dimarc↙。

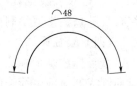

图 4－18　弧长标注

（2）功能区：【默认】→【注释】→【线性】旁的倒三角┝┤ **线性** ┝→【弧长】⌒。

（3）菜单栏：【标注】→【线性】旁的倒三角┝┤ **线性** ┝→【弧长】⌒。

2．命令行提示

执行上述命令后，命令行依次提示如下：

> 选择弧线段或多段线圆弧段：
> 指定弧长标注位置或［多行文字(M)/文字(T)/角度(A)/部分(P)/引线(L)］：

3．选项说明

"指定弧长标注位置"：直接指定点以确定尺寸线的位置，系统将自动按测量值绘制出弧长标注。

"部分"：通过指定弧线段上的两个点来标注一部分弧长尺寸。

"引线"：标注加带引线。

（七）角度标注

角度标注可以标注圆心角、两条不平行直线之间的夹角。图4-19中列出了三种不同情形下的角度标注。

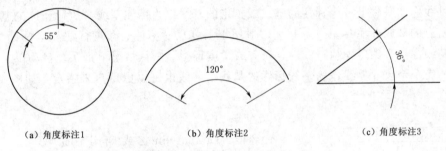

(a)角度标注1　　　　　(b)角度标注2　　　　　(c)角度标注3

图4-19　不同情形下的角度标注

1．激活命令

（1）命令行：Dimangular↙或Dimang↙。

（2）功能区：【默认】→【注释】→【线性】旁的倒三角┝┤ **线性** ┝→【角度】△。

（3）菜单栏：【标注】→【线性】旁的倒三角┝┤ **线性** ┝→【角度】△。

2．命令行提示

执行上述命令后，命令行中的提示如下：

> 选择圆弧、圆、直线或(指定顶点)：

如果选择的对象是圆弧，系统继续提示如下：

> 指定位置或［多行文字(M)/文字(T)/角度(A)/象限点(Q)］：

如果选择的对象是圆，则对圆的拾取点为角度标注的第一个尺寸界线的原点，系统提示如下：

指定角的第二个端点：
指定位置或[多行文字(M)/文字(T)/角度(A)]：

如果选择的对象是直线，系统继续提示如下：

选择第二条直线：
指定标注弧线位置或[多行文字(M)/文字(T)/角度(A)]：

注：所选的直线无论是否实际相交，只要不平行，都可以标注其夹角。

"指定顶点"用于创建基于三点的标注。选择该项，直接按【Enter】键，系统继续提示如下：

选择角的顶点：
选择角的第一个端点：
选择角的第二个端点：
指定标注弧线位置或[多行文字(M)/文字(T)/角度(A)]：

（八）基线标注

基线标注是将上一个标注的基线或指定的基线作为标注基线，执行连续的基线标注，所有的基线标注共用一条基线，适用于长度尺寸标注、角度标注和坐标标注等。执行基线标注必须事先执行线性、对齐或角度标注。默认情况下，系统自动以上一个标注的第一个尺寸界线作为基线标注的基线；基线也可以由用户来指定，如图 4-20 所示。

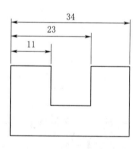

图 4-20　基线标注

1. 激活命令

（1）命令行：Dimbaseline↙ 或 Dimbase↙。

（2）功能区：【注释】→【标注】→【连续】旁的倒三角 连续 →【基线】。

（3）菜单栏：【标注】→【基线】。

2. 命令行提示

执行上述命令后，命令行中的提示分如下两种情况。

（1）执行该命令后，如果上一次操作并未创建标注，则命令行提示如下：

选择基准标注：(选择一个线性、对齐或角度标注,离拾取点较近的尺寸界线为基线标注的第一个尺寸界线)
指定第二个尺寸界线原点或[选择(S)/放弃(U)]<选择>：

（2）执行命令后，如果上一次操作创建了标注，则使用最近一次创建的标注对象为基准标注，以该基准标注的第一个尺寸界线为基线标注的第一个尺寸界线。

命令行提示如下：

指定第二个尺寸界线原点或[选择(S)/放弃(U)]<选择>：

3. 选项说明

(1)"指定第二个尺寸界线原点":直接捕捉需要的点来指定基线标注中下一个标注的第二个尺寸界线原点,系统自动测量第一个和第二个尺寸界线的距离,并以该测量值绘制基线标注,系统继续提示如下:

> 指定第二个尺寸界线原点或[选择(S)/放弃(U)]<选择>:

(2)"放弃":放弃在该次命令期间最近输入的一个基线标注。

(3)"选择":重新选择基线标注的第一个尺寸界线。

基线标注完成后,需要按两次【Enter】键结束命令,也可以按【Esc】键结束命令。当用户对并联标注中的基线间距不满意时,可以在【标注样式管理器】对相应标注样式的【尺寸线】选项卡的基线间距值进行修改,也可以利用标注工具栏的【等距标注】按钮进行调整。

无论是基线标注或是连续标注,都需要预先指定一个完成的标注作为标注的基准,这个标注可以是线性标注、坐标标注、角度标注。

(九)连续标注

连续标注命令可以在执行一次标注命令后,在图形的同一方向上连续标注多个尺寸。连续标注命令和基线标注命令一样,必须在执行了线性、对齐或角度标注以后才能使用,系统自动捕捉到上一个标注的第二个尺寸界线作为连续标注的起点,如图 4 - 21 所示。

1. 激活命令

(1)命令行:Dimcontinue✓或 Dimcont✓。

(2)功能区:【注释】→【标注】→【连续】**╟╢**。

(3)菜单栏:【标注】→【连续】**╟╢**。

2. 命令行提示

执行上述命令后,命令行中的提示分如下两种情况:

(1)执行该命令后,如果上一次操作并未创建标注,则命令行提示如下:

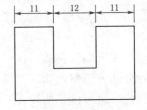

图 4 - 21 连续标注

> 选择连续标注:
> 指定第二个尺寸界线原点或[选择(S)/放弃(U)]<选择>:

此时可选择一个线性、对齐或角度标注,离拾取点较近的尺寸界线为连续标注的第一个尺寸界线。

(2)执行命令后,如果上一次操作创建了标注,则使用最近一次创建的标注对象为连续标注,以该连续标注的第一个尺寸界线为连续标注的第一个尺寸界线。命令行提示如下:

> 指定第二个尺寸界线原点或[选择(S)/放弃(U)]<选择>:

需要注意，如果刚刚执行了一个标注，那么激活基线标注或连续标注后，会自动以刚刚执行完的线性标注为基准进行标注；如果不是刚执行的线性标注，执行基线标注或连续标注的时候，命令行会提示选择一个已经执行完成的标注作为基准。如果当前图形中一个标注都没有，那么基线标注或连续标注命令无法执行下去。

（十）快速标注

快速标注是通过选择图形对象本身来执行一系列的尺寸标注。

1. 激活命令

（1）命令行：Qdim✓。

（2）功能区：【注释】→【标注】→【快速】。

（3）菜单栏：【标注】→【快速】。

2. 命令行提示

执行命令后，命令行提示如下：

> 选择要标注的几何图形：(选中要快速标注的图形，按<Enter>键结束选择)
>
> 指定尺寸线位置或[连续(C)/并列(S)/基线(B)/坐标(O)/半径(R)/直径(D)/基准点(P)/编辑(E)/设置(T)]<连续>：

3. 选项说明

（1）"连续"：产生一系列连续标注的尺寸。

（2）"并列"：产生一系列上下交错且排列整齐的尺寸标注。

（3）"基准点"：为基线标注和连续标注指定一个新的基准点。

（4）"编辑"：对多个尺寸线进行编辑，对已存在的尺寸标注添加或移去尺寸点。

（十一）引线标注

引线标注功能不仅可以标注特定的尺寸，如圆角、倒角等，还可以在图中添加多行旁注或说明，如一些文字注释、装配图的零件编号等。在引线标注中，引线可以是折线，也可以是曲线；引线端部可以有箭头，也可以没有箭头。

1. 快速引线

快速引线是一端带有箭头，另一端带有文字对象的直线或样条曲线。

（1）命令行：Qleader✓。

（2）执行上述命令后，命令行中的提示如下：

> 指定第一个引线点或[设置(S)]<设置>：(直接指定一点，从该点开始绘制引线)

系统继续提示如下：

> 指定下一点：(指定引线的第二点)
>
> 指定下一点：(指定引线的第三点)
>
> 指定文字宽度<O>：(输入文字宽度)
>
> 输入注释文字的第一行<多行文字(M)>：(输入第一行文字)
>
> 输入注释文字的第一行<多行文字(M)>：(输入第二行文字或按【Enter】键，结束命令)

（3）设置引线标注的格式。输入 S 并按【Enter】键，弹出【引线设置】对话框，该对话框由【注释】、【引线和箭头】及【附着】三个选项卡组成。

1）【注释】：设置引线注释类型，指定多行文字选项，并指明是否需要重复使用注释，如图 4-22 所示。

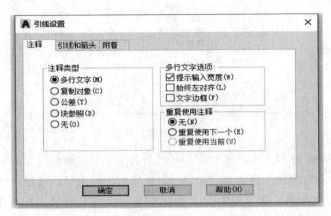

图 4-22　【注释】选项卡

2）【引线和箭头】：设置引线和箭头的格式，设置引线点的数目，设置第一段与第二段引线的角度约束。在工程制图规范中，要求引线与水平方向成 30°、45°、60°、90°的直线。其中，"点数"选项组用于设置执行"Qleader"命令时提示用户输入的点的数目。例如，设置点数为 3，执行"Qleader"命令时，当用户在提示下指定 3 个点后，AutoCAD 自动提示用户输入注释文本，如图 4-23 所示。

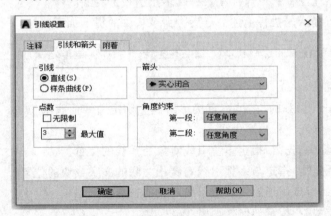

图 4-23　【引线和箭头】选项卡

设置的点数要比用户希望的引线段数多 1。如果勾选"无限制"复选框，AutoCAD 会一直提示用户输入点，直到连续按【Enter】键两次为止。

"角度约束"选项组用于设置第一段和第二段引线的角度约束。

3）【附着】：设置引线终点相对于多行文字注释的附着位置。只有在【注释】选项卡里选定"多行文字"时，此选项卡才可用，如图 4-24 所示。

如果最后一段引线指向右边，系统自动把注释文本放在右侧；如果最后一段引线指

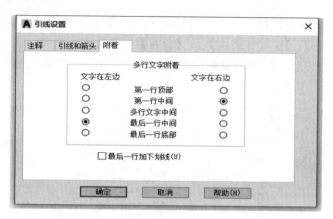

图 4-24 【附着】选项卡

向左边，系统自动把注释文本放在左侧。利用该选项卡中左侧和右侧的单选钮，可以分别设置位于左侧和右侧的注释文本与最后一段引线的相对位置，二者可相同也可不同。

在工程制图规范中，文字说明宜注写在水平线上方（最后一行加下划线），也可注写在水平线的端部（多行文字中间）。

2. 多重引线

多重引线的操作方法与快速引线基本相同，但是功能更为强大。

（1）激活命令。

1）命令行：Mleader↙。

2）功能区：【默认】→【注释】→【引线】✐。

3）菜单栏：【注释】→【标注】→【多重引线】✐。

（2）命令行提示。执行上述命令后，命令行中的提示如下：

指定引线箭头的位置或[引线基线优先(L)/内容优先(C)/选项(O)]<选项>：

（3）选项说明。

1）"指定引线箭头的位置"：直接单击鼠标确定引线箭头的位置，然后在打开的文字输入窗口中输入注释内容即可。

2）"引线基线优先"：指定多重引线对象的基线的位置。

3）"内容优先"：指定与多重引线对象相关联的文字或块的位置。

4）"选项"：指定用于放置多重引线对象的选项。

5）"引线类型"：指定如何处理引线。

a. "直线"：创建直线多重引线；

b. "样条曲线"：创建样条曲线多重引线；

c. "无"：创建无引线、仅文字的多重引线。

6）"引线基线"：指定是否添加水平基线。如果输入"是"，将提示设置基线长度。

7）"内容类型"：指定要用于多重引线的内容类型。

a. "块"：指定图形中的块，以与新的多重引线相关联；

b. "多行文字"：指定多行文字包含在多重引线中；

c. "无"：指定没有内容显示在引线的末端。

8) "最大节点数"：指定新引线的最大点数或线段数。

9) "第一个角度"：约束新引线中的第一个点的角度。

10) "第二个角度"：约束新引线中的第二个点的角度。

11) "退出选项"：退出多重引线命令的"选项"分支。

3. 多重引线管理器

(1) 激活命令。

1) 命令行：Mleaderstyle↙。

2) 功能区：【默认】→【注释】→【注释】旁的倒三角 注释⊙ →Standard 旁的倒三角 Standard ⊙ →【管理多重引线样式】（图 4－25）。

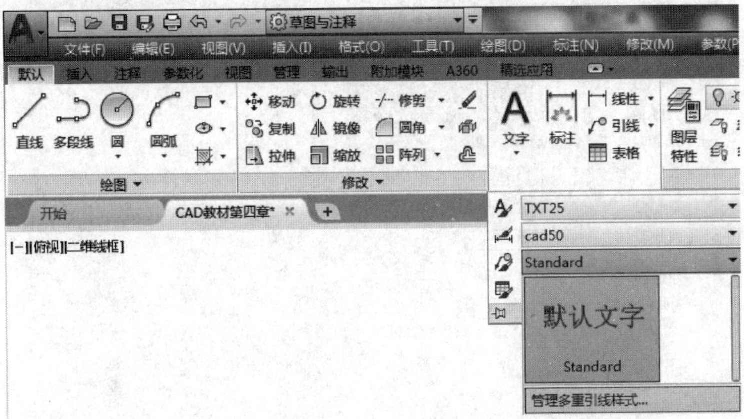

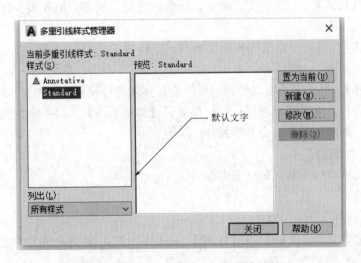

图 4－25　选择【管理多重引线样式】

(2) 命令行提示。执行上述命令后，弹出【多重引线样式管理器】对话框，如图 4－26 所示。

图 4－26　【多重引线样式管理器】对话框

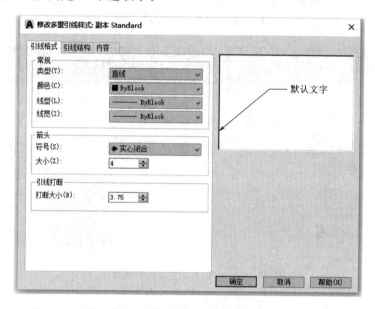

图 4-27 【创建新多重引线样式】对话框

单击【新建】按钮，弹出【创建新多重引线样式】对话框，如图 4-27 所示。在【新样式名】中输入要创建的新样式的名称，然后单击【继续】按钮，弹出【修改多重引线样式】对话框，如图 4-28 所示。

（3）选项说明。在【修改多重引线样式】对话框中，有【引线格式】、

【引线结构】和【内容】三个选项卡。

图 4-28 【修改多重引线样式】对话框

1）【引线格式】：设置引线的类型、颜色、线型、线宽，以及箭头的符号、大小等，如图 4-28 所示。

2）【引线结构】：设置引线的约束数目、基线样式、引线比例以及是否设置为注释性对象等，如图 4-29 所示。

3）【内容】：对文字类型、样式、引线连接方式进行设置，如图 4-30 所示。

当用户进行多重引线标注后，还可以通过【多重引线】工具栏上的按钮进行多重引线的添加、删除、对齐、合并等操作。

（十二）坐标标注

坐标标注用来标注某点的平面坐标。

1. 激活命令

（1）命令行：Dimordinate↙。

（2）功能区：【默认】→【注释】→【线性】旁的倒三角 ⊢ **线性** ▾ →【坐标】⚌。

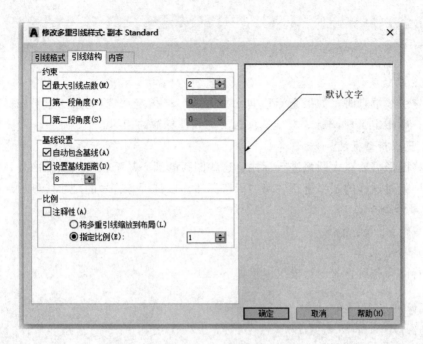

图 4-29　【引线结构】选项卡

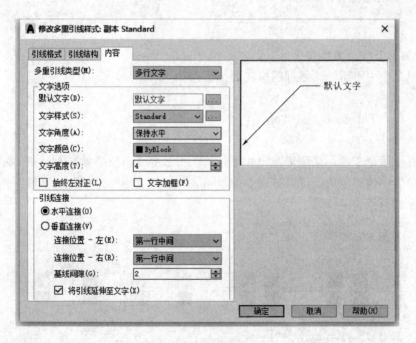

图 4-30　【内容】选项卡

（3）菜单栏：【标注】→【坐标】。

2. 命令行提示

执行上述命令后，命令行依次提示如下：

指定点坐标：
指定引线端点或[X基准(X)/Y基准(Y)/多行文字(M)/文字(T)/角度(A)]：

3. 选项说明

指定引线端点时，如果光标移向水平方向，将指定 X 轴坐标，如果光标移向垂直方向，则指定 Y 轴坐标。其他选项含义与线性标注的相同。

（十三）折弯标注

有些图形需要对大圆弧进行标注，这些圆弧的圆心甚至在整张图纸之外，此时在工程图中就对这样的圆弧进行省略的折弯标注，以带折弯符号的尺寸线显示。

1. 激活命令

命令行：Dimjgged↙。

2. 命令行提示

执行此命令后，命令行依次提示如下：

选择圆弧或圆：
指定图示中心位置：
标注文字＝(系统显示测量值)
指定尺寸线位置或[多行文字(M)/文字(T)/角度(A)]：
指定折弯位置：

（十四）尺寸公差标注

公差命令主要用于为零件图标注形位公差。

1. 激活命令

命令行：Tolerance↙或 Tol↙。

2. 命令行提示

执行上述命令后，系统可弹出如图 4－31 所示的【形位公差】对话框，单击【符号】选项组中的黑色块，可以打开如图 4－32 所示的【特征符号】对话框，用户可以选择相应的形位公差符号。

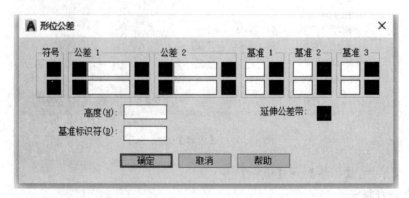

图 4－31　【形位公差】对话框

3. 选项说明

在【公差1】或【公差2】选项组中单击右侧的黑色块，可以弹出如图4-33所示的【附加符号】对话框，以设置公差的包容条件。

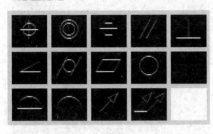

图4-32 【特征符号】对话框　　图4-33 【附加符号】对话框

（1）符号⑩表示最大包容条件，规定零件在极限尺寸内的最大包容量。

（2）符号⑥表示最小包容条件，规定零件在极限尺寸内的最小包容量。

（3）符号⑤表示不考虑特征条件，不规定零件在极限尺寸内的任意几何大小。

二、标注样式管理

（一）标注样式管理器

进行尺寸标注时，是使用当前尺寸样式进行标注的，尺寸的外观及功能取决于当前尺寸样式的设定。如果用户不建立尺寸样式而直接进行标注，系统使用默认的名称为"Standard"的样式。一般情况下，默认的样式往往不能满足各种尺寸标注的要求，这就需要对尺寸标注样式进行修改。用户可以在【标注样式管理器】对话框中创建新的尺寸标注样式和管理已有的尺寸标注样式。

1. 激活命令

（1）命令行：Dimstyle↙或Ddim↙或D↙。

（2）功能区：【默认】→【注释】→【标注样式】→【管理标注样式】（图4-34）。

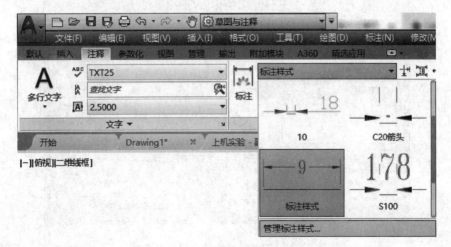

图4-34 选择【管理标注样式】

99

2. 命令行提示

执行上述命令后，弹出如图 4-35 所示的【标注样式管理器】对话框。

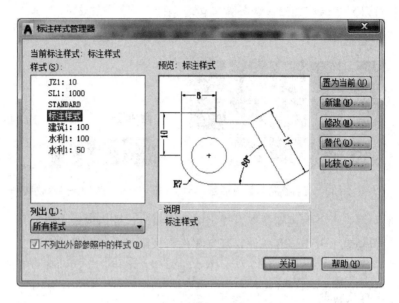

图 4-35　【标注样式管理器】对话框

3. 选项说明

对话框中各功能含义如下：

（1）【样式】：列表框中显示当前所有的标注样式，亮显的是当前标注样式。用户用鼠标右键选中后，在弹出的快捷菜单中可选择"置为当前""重命名"或"删除"等操作，如图 4-36 所示。

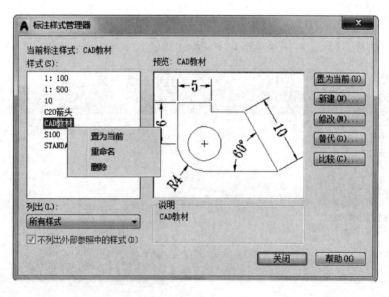

图 4-36　【标注样式管理器】对话框

（2）【列出】：在下拉列表框中列出所有样式的名称，有"所有样式""正在使用的样式"两种，默认的是"所有样式"。

（3）【预览】：用于实时反映对标注样式所做的更改，方便用户操作。

（4）【置为当前】：将选中样式设置为当前标注样式。

（5）【新建】：创建新的标注样式，将弹出如图4-37所示对话框，可在该对话框中进行样式的各种设置。

1) 在"新样式名"文本框中可输入新建样式名称。

2) 在"基础样式"下拉列表中，选择一个样式作为基础创建新样式。

3)"用于"下拉列表中包含"所有标注""线性标注""角度标注""半径标注""直径标注""坐标标注"和"引线和公差"，AutoCAD默认用于"所有标注"。

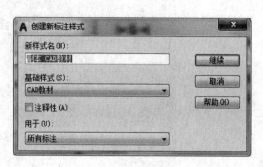

图4-37 【创建新标注样式】对话框

4) 完成设置后，单击【继续】按钮，弹出【新建标注样式】对话框，如图4-38所示，用户可进行样式的各种设置。

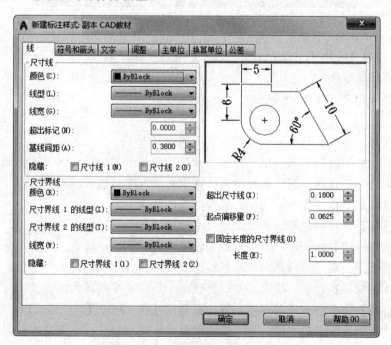

图4-38 【新建标注样式】对话框

（6）【修改】：用来修改已有的标注样式。

（7）【替代】：在当前样式的基础上更改某个或某些设置作为临时标注样式来代替当前样式，但不将这些改动保存在当前样式的设置中。用户可以设置临时的尺寸标注样式，用来替代当前尺寸标注样式的相应设置。当某一尺寸形式在图形中出现较少时，可以避免创建新样式，而在现有某个样式的基础上做出修改后进行标注。设置替代样式后，替代样式会一直起作用，直到取消替代。

（8）【比较】：用来比较指定的两个标注样式之间的区别，也可以查看一个标注样式的所有标注特性，如图4-39所示。

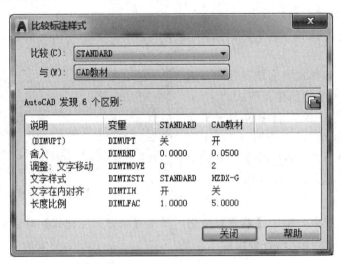

图4-39　【比较标注样式】对话框

（二）新建尺寸样式（样式名为水利1∶50）

1.【线】选项卡

该选项卡用于设置尺寸线和尺寸界线的形式和特性，以控制尺寸标注的几何外观。

（1）在【尺寸线】选项组中，各参数项的含义如下：

1）【颜色】下拉列表框：用于设置尺寸线的颜色。如果选择列表底部的【选择颜色】选项，将弹出【选择颜色】对话框，在该对话框中可以设置颜色。

2）【线型】下拉列表框：用于设置尺寸线的线型。

3）【线宽】下拉列表框：用于设定尺寸线的宽度。

4）【超出标记】微调框：当尺寸箭头设置为建筑标记、倾斜、小点、积分和无标记时，该项用于设定尺寸线超出尺寸界线的长度。

5）【基线间距】选项：决定了基线标注时平行尺寸线间的距离。

6）【隐藏】选项：该项包含两个复选框【尺寸线1】和【尺寸线2】，分别控制是否显示尺寸线第1段和第2段。对于对称图形的尺寸线标注，一般与尺寸界限的隐藏一起使用。

（2）在【尺寸界线】选项组中，各参数项的含义如下：

1）【颜色】下拉列表框：用于设置尺寸界线的颜色。

2）【尺寸界线1的线型】和【尺寸界线2的线型】下拉列表框：分别用于设置尺寸界线1和尺寸界线2的线型。

3)【线宽】下拉列表框：用于设置尺寸界线的线宽。

4)【隐藏】复选框：选择是否隐藏尺寸界线。

5)【超出尺寸线】微调框：用于设定尺寸界线超过尺寸线的长度。

6)【起点偏移重】微调框：用于设置尺寸界线相对于尺寸界限起点的偏移距离。

7)【固定长度的尺寸界线】选项：用于设置尺寸界线的固定长度。

2.【符号和箭头】选项卡

该选项卡用于设置箭头、圆心标记、折断标注、弧长符号、半径折弯标注和线性折弯标注等的形式和特性，如图4-40所示。

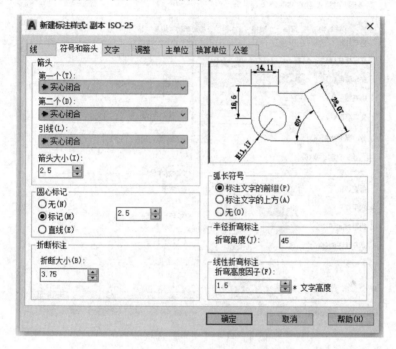

图4-40　【符号和箭头】选项卡

(1) 在"箭头"选项组中，各参数项的含义如下：

1)"第一个"：设置第一条尺寸线的箭头类型。当改变第一个箭头的类型时，第二个箭头自动改变以匹配第一个箭头。

2)"第二个"：设置第二条尺寸线的箭头类型。当改变第二个箭头的类型时不影响第一个箭头的类型。

3)"引线"：设置引线的箭头样式。

4)"箭头大小"：设置箭头的大小。箭头长度宜为4~5倍线宽。在小尺寸连续标注时，一般减小箭头大小或设置为0。

(2) "圆心标记"选项组用于设置圆或圆弧中心的标记类型和大小，其中各参数项的含义如下：

1)【无】：表示不设置圆心标记。

2)【标记】：用于设置圆心标记的类型和大小。

3）【直线】：用于圆心中心线设置。

（3）"弧长符号"选项组用于控制弧长标注中圆弧符号的显示。

（4）"折断标注"选项组用于控制折断标注的间隙宽度。

（5）"半径折弯标注"选项组用于控制折弯（Z字形）半径标注的显示。

（6）"线性折弯标注"选项组用于控制线性标注折弯的显示。

3.【文字】选项卡

该选项卡用于设置尺寸文本的形式、位置和对齐方式等，如图4-41所示。

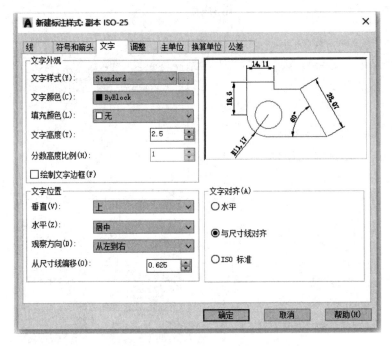

图4-41 【文字】选项卡

（1）"文字外观"选项组用于设置文字的样式、颜色、填充颜色、高度、分数高度比例以及文字是否带边框。

（2）"文字位置"选项组用于设置文字的位置是垂直还是水平，以及从尺寸线偏移的距离。

1）"垂直"下拉列表框：用于设置标注文字沿尺寸线在垂直方向上的对齐方式，系统提供了四种对齐方式。

a. 居中：将标注文字放在尺寸线的两部分中间。

b. 上方：将标注文字放在尺寸线上方，从尺寸线到文字的最低基线的距离就是当前的文字间距，该选项最常用。

c. 外部：将标注文字放在尺寸线上远离第一个定义点的一边。

d. JIS：按照日本工业标准（JIS）放置标注文字。

2）"水平"下拉列表框：用于设置标注文字沿尺寸线和尺寸界线在水平方向上的对齐方式，系统提供了五种对齐方式。

a. 居中：将标注文字沿尺寸线放在两个尺寸界线的中间。

b. 第一个尺寸界线：沿尺寸线与第一个尺寸界线左对正，尺寸界线与标注文字的距离是箭头大小加上文字间距之和的两倍。

c. 第二个尺寸界线：沿尺寸线与第二个尺寸界线右对正，尺寸界线与标注文字的距离是箭头大小加上文字间距之和的两倍。

d. 第一个尺寸界线上方：沿第一个尺寸界线放置标注文字或将标注文字放在第一个尺寸界线之上。

e. 第二个尺寸界线上方：沿第二个尺寸界线放置标注文字或将标注文字放在第二个尺寸界线之上。

3）"从尺寸线偏移"微调框用于设置文字与尺寸线的间距。

（3）"文字对齐"选项组用于控制尺寸文本排列的方向。

1）【水平】：表示标注文字沿水平线放置。

2）【与尺寸线对齐】：表示标注文字沿尺寸线方向放置。

3）【ISO 标准】：表示当标注文字在尺寸界线内时沿尺寸线的方向放置，当标注文字在尺寸界线外侧时则水平放置标注文字。

4. 【调整】选项卡

用于控制标注文字、箭头、引线和尺寸线的放置，如图 4 - 42 所示。

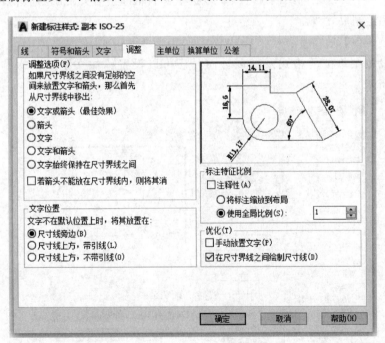

图 4 - 42　【调整】选项卡

（1）"调整选项"选项组用于控制尺寸界线之间文字和箭头的位置。如果有足够大的空间，文字和箭头都将放在尺寸界线内；否则，将按照【调整选项】放置文字和箭头。

（2）"文字位置"选项组用于设置标注文字从默认位置（由标注样式定义的位置）

移动到标注文字的位置。

1)【尺寸线旁边】单选按钮。如果选中，只要移动标注文字，尺寸线就会随之移动。

2)【尺寸线上方，带引线】单选按钮。如果选中，移动文字时尺寸线将不会移动。如果将文字从尺寸线上移开，将创建一条连接文字和尺寸线的引线。当文字非常靠近尺寸线时，将省略引线。

3)【尺寸线上方，不带引线】单选按钮。如果选中，移动文字时尺寸线不会移动。远离尺寸线的文字不与带引线的尺寸线相连。

（3）"标注特征比例"选项组用于设置全局标注比例值或图纸空间比例。

1)【注释性】复选框。选中该复选框，则指定标注为注释性标注。

2)【将标注缩放到布局】单选按钮。根据当前模型空间视口和图纸空间之间的比例确定比例因子。

3)【使用全局比例】单选按钮。对全部尺寸标注设置缩放比例，该比例不会改变尺寸的实际测量值。

（4）"优化"选项组提供了用于放置标注文字的其他选项。

1)【手动放置文字】复选框：表示忽略所有水平对正设置，并把文字放在"尺寸线位置"提示下指定的位置。

2)【在尺寸界线之间绘制尺寸线】复选框：表示即使箭头放在测量点之外，也在测量点之间绘制尺寸线。

5.【主单位】选项卡

用于设置主单位的格式及精度，同时还可以设置标注文字的前缀和后缀，如图 4-43 所示。

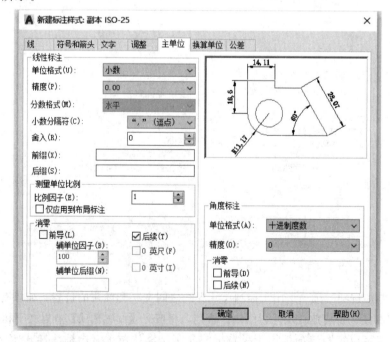

图 4-43　【主单位】选项卡

（1）"线性标注"选项组中可以设置线性标注单位的格式及精度。

1）"单位格式"下拉列表框用于设置所有尺寸标注类型（除了角度标注）的当前单位格式。

2）"精度"下拉列表框用于设置在十进制单位下用多少小数位来显示标注文字。

3）"分数格式"下拉列表框用于设置分数的格式。

4）"小数分隔符"下拉列表框用于设置小数格式的分隔符号。

5）"舍入"微调框用于设置所有尺寸标注类型（除角度标注外）测量值的取整规则。

6）"前缀"微调框用于对标注文字加上一个前缀，如直径符号 φ。

7）"后缀"微调框用于对标注文字加上一个后缀，如公差代号等。

（2）"测量单位比例"选项组用于确定测量时的缩放系数。

（3）"消零"选项组用于控制是否显示前导 0 或尾数 0。

（4）"角度标注"选项组用于设置角度标注的单位格式和精度。

1）"单位格式"下拉列表框用于设置角度标注的当前单位格式。

2）"精度"下拉列表框用于设置在十进制度数单位下用多少位小数来显示标注角度。

6.【换算单位】选项卡

该选项卡用于指定标注测量值中换算单位的显示，并设置其格式和精度，如图 4-44 所示，只有选择【显示换算单位】后才能进行设置。我国用户来说一般不用设置此项。

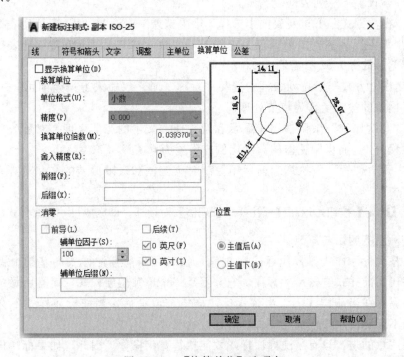

图 4-44 【换算单位】选项卡

7. 【公差】选项卡

一般只需要设置【公差格式】选项组，如图 4-45 所示。

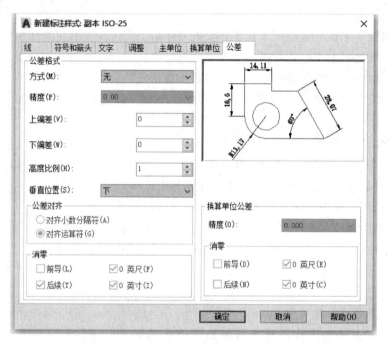

图 4-45 【公差】选项卡

（1）"方式"下拉列表框。

1）当在"方式"下拉列表框中选择"极限偏差"时，"精度"下拉列表框设定为0.00。"上偏差"列表框中默认值为正偏差，如输入 0.03，"下偏差"列表框中默认值为负偏差，故 -0.02 只需输入 0.02。

2）当在"方式"下拉列表框中选择"对称"时，仅输入上偏差即可。AutoCAD自动把下偏差的输入值作为负值处理。

（2）"高度比例"微调框用于显示和设置偏差文字的当前高度。对称公差的高度比例应设置为 1，而极限偏差的高度比例应设置为 0.7。

（3）"垂直位置"下拉列表框用于控制对称偏差和极限偏差的文字对齐方式，应设置为"中"。

单击【确定】按钮，返回【标注样式管理器】对话框，即完成尺寸标注样式的设置。

三、标注的编辑与修改

（1）替代标注样式。替代标注样式只是临时在当前标注样式的基础上做部分调整，并替代当前样式进行尺寸标注，它并不是一个单独的新样式，而且所做的部分调整也不会保存在当前样式中。当替代标注样式被取消后，当前标注样式不会发生改变，并且不影响使用替代标注样式已经标注的尺寸。

需要注意的是，只有当前标注样式才能执行替代操作。因此，如果标注样式不是当前样式，首先要将其置为当前样式，再单击【替代】按钮，弹出【替代当前样式】

对话框，对其中的选项进行更改，然后单击【确定】按钮，返回【标注样式管理器】对话框，这时在样式显示框中添加了"样式替代"的字样，再单击【关闭】按钮，退出对话框，完成标注样式的替换。

一旦将其他标注样式置为当前样式，替代样式将自动取消。另外，也可以主动删除替代标注样式，删除的方法是选中替代标注样式，单击右键，选择快捷菜单中的【删除】选项，系统会提示"是否确实要删除样式替代"，单击【确定】按钮完成删除操作。在快捷菜单中还可以选择【重命名】选项，对替代样式重新命名；选择【保存到当前样式】选项，将所做的更改保存到当前样式中。

（2）删除标注样式。选中想要删除的标注样式，单击鼠标右键，选择快捷菜单中的【删除】选项，会弹出系统提示，单击【是】按钮，完成删除操作。应注意的是，当前标注样式和正在使用的标注样式不能删除，其右键快捷菜单中的【删除】选项不可用。

（3）修改标注样式。如果要对某个标注样式进行修改，可以在样式显示框中先选中需要修改的标注样式，单击【修改】按钮，弹出【修改标注样式】对话框。对对话框的各选项进行修改，然后单击【确定】按钮，返回【标注样式管理器】对话框，再单击【确定】按钮退出对话框，完成标注样式的修改。完成修改的同时，绘图区域中所有使用该样式的尺寸标注都将随之更改。

第三节 表 格 绘 制

一、创建表格样式

创建表格对象时，首先要创建一个空表格，然后在表格的单元格中添加内容。在创建空表格之前先要进行表格样式的设置。

激活表格样式命令的方法如下：

（1）功能区：【注释】标签→【表格】面板→【表格样式】按钮 。

（2）命令行：Tablestyle（Ts）。

创建表格样式步骤如下：

（1）单击【表格样式】按钮，弹出【表格样式】对话框，如图 4 - 46 所示。

在【表格样式】对话框的"样式"列表里有一个名为"Standard"的表格样式，不用改动它，单击【新建】按钮，弹出【创建新的表格样式】对话框，在"新样式名"文本框中输入"明细栏"，表示专门新建一个名为"明细栏"的表格样式。

（2）单击【继续】按钮，弹出【新建表格样式：明细栏】对话框，如图 4 - 47 所示。

（3）将左侧"常规"选项区域中"表格方向"下拉列表默认为"向下"，这是明细表的形式，数据向下延伸。表格里面有三个基本要素，分别是"标题""表头"和"数据"，在"单元样式"下拉列表中控制，在预览图形里可以看见这三个要素所在的位置。

（4）确保"单元样式"下拉列表选择了"数据"，【常规】选项卡里"页边距"选项区域控制文字和边框的距离，对于水平距离不用做更改，垂直距离需要根据明细栏的行高来定，如设置的行高为 8，文字高度为 4.5，但是文字的高度还要加上上下的

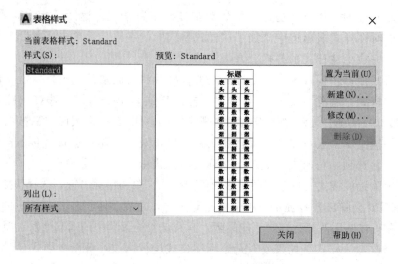

图 4-46 【表格样式】对话框

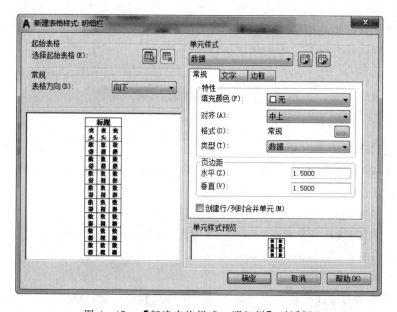

图 4-47 【新建表格样式：明细栏】对话框

余量，现在无法准确地估算，因此将垂直距离暂时设置为 1.5。

（5）选择【文字】选项卡，将文字高度更改为 4.5。

（6）选择【边框】选项卡，此选项卡控制表格边框线的特性，将外边框更改为 1mm 线宽，内边框更改为 0.15mm 线宽，要注意此处的更改要先选择线宽，然后再单击需要更改的边框按钮。

（7）在"单元样式"下拉列表选择"表头"，重复步骤（4）～（6）的设置，同样将文字高度更改为 5，将外边框更改为 1mm 线宽，内边框更改为 0.15mm 线宽。

（8）由于明细栏不需要标题，因此不必对"标题"单元样式进行设置，单击【确定】按钮，回到【表格样式】对话框，现在已经创建好了一个名为"明细栏"的表格样式。

（9）单击【关闭】按钮，结束表格样式的创建。

创建完表格样式后，可以在屏幕右上角的"表格样式"下拉列表中选择此"明细栏"作为当前的表格样式。

二、绘制表格

接下来可以在标题栏上方的位置用刚创建好的表格样式插入一个表格，插入表格命令的激活方式如下：

（1）功能区：【注释】→【表格】→【表格】▥。

（2）命令行：Table（Tb）↙。

绘制表格步骤如下：

（1）单击【表格】，激活插入表格的命令，AutoCAD 将弹出【插入表格】对话框，在此可以进行插入表格的设置。

（2）确保"表格样式"名称选择了刚才创建的"明细栏"，将"插入方式"选定为"指定插入点"方式，在"列和行设置"选项区域中设置为 5 列 3 行，列宽为 30，行高为 1 行，由于明细栏不需要标题，因此需要在"设置单元样式"选项区域将"第一行单元样式"下拉列表选择为"表头"，然后将"第二行单元样式"下拉列表选择为"数据"，如图 4-48 所示，然后单击【确定】按钮。

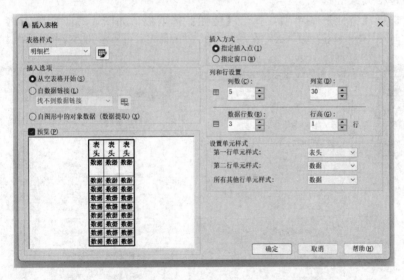

图 4-48　【插入表格】对话框

（3）指定标题栏的左上角点为表格插入点，然后在随后提示输入的列标题行中填入"序号""代号""名称""数量""备注"五项，在"序号"一列向下填入 1～4，可以采用类似 Excel 电子表格方法，先填入 1 和 2，然后选择这两个单元格，其他数据采取按住单元格边界右上角夹点拉动的方法完成，AutoCAD 可以自动填入数列，最后效果如图 4-49 所示。

此时已经完成表格的插入，明细栏已经有了一个雏形，接下来进一步编辑此表格，使其更加完善。

序号	代号	名称	数量	备注
1				
2				
3				
4				

图 4-49　完成插入和设置后的表格

三、编辑表格

表格的每一个单元格的高度和宽度都需要设定，对于复杂的表格，也可以像在 Excel 软件中一样合并和拆分单元格。接下来利用【特性】选项板对明细栏进行编辑，步骤如下：

（1）按住鼠标左键并拖动可以选择多个单元格，将"序号"一列全部选中并右击，弹出快捷菜单，如图 4-50 所示。在这个菜单里包括【单元样式】、【边框...】、【行】、【列】、【合并】、【数据链接...】等编辑命令，如果选择单个单元格，右键菜单里还会包括公式等选项。

（2）选择【特性】菜单项，弹出【特性】选项板，如图 4-51 所示。将"单元宽度"项更改为"20.0000"，将"单元高度"项更改为"10.0000"。

图 4-50　表格快捷编辑菜单　　　　图 4-51　【特性】选项板

（3）在绘图区域继续选择其他列，分别将"代号"列宽度保持为 30mm、"名称"列宽度改为 50mm、"数量"列宽度改为 20mm、"备注"列宽度改为 25mm，最后完成的明细栏如图 4-52 所示。

序号	代号	名称	数量	备注
1				
2				
3				
4				

图 4-52　完成的明细栏

第五章

AutoCAD 协同设计

协同设计是指不同设计部门、不同专业方向之间进行协调和配合。灵活利用 AutoCAD 所提供的协同设计功能，设计师之间就可以进行资源共享并实现实时的交流与沟通，及时有效地减少项目开发过程中所产生的冲突，这在很大程度上提高了设计者的开发能力，并能有效缩短项目设计周期，降低设计开发成本。AutoCAD 提供了大量工具协调设计成员间的图形和数据共享，本章主要介绍工程样板图、AutoCAD 外部参照及设计中心的使用。

第一节 工 程 样 板 图

工程图作为工程领域的重要技术文件，既要遵守国家标准和技术规范，又要符合不同设计部门的标准，具体体现在图幅及格式、文字样式、标注样式等的设置。为避免每次新建图形时都要重新设置，并统一规范设计标准，可使用 AutoCAD 提供的"自定义样板"功能。样板实际上是一个含有特定绘图参数和环境设置的图形文件，各设计部门新建图形文件时均以样板图为基础可以有效提高绘图效率，并实现图形的标准化。

一、创建样板文件

样板图形通过文件扩展名".dwt"区别于其他图形文件。AutoCAD 系统提供的样板文件通常保存在"Template"目录中，如图 5－1 所示。系统样板不符合国家使用的 GB 样板图的标准，一般以默认的样板文件 acadiso 为基础进行修改，修改后保存为自己的专属样板文件，以便下次绘图时调用。

国家标准规定图纸分为 A0、A1、A2、A3、A4 五类，在实际绘图之前，需要根据实际要求建立各类图纸的图形样板格式文件。下面以创建 A3 样板图为例说明。

（1）设置绘图单位和精度。调用设置绘图单位的方法如下：

1）单击【应用程序】按钮▲→【图形实用工具】→【单位】。

2）命令行：Units↙。

AutoCAD 弹出如图 5－2 所示【图形单位】对话框，在对话框中对长度单位、角度单位、精度以及坐标方向等选项进行设置。

（2）设置图层。

（3）设置文字样式和尺寸标注样式。

（4）绘制图框和标题栏。

（5）建立符合国标的专业图块（如标高、轴网编号等），加入属性设置，创建带属性的块。

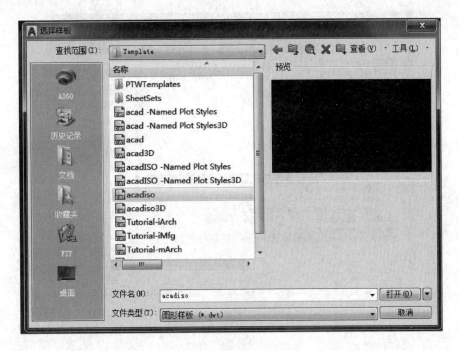

图 5 - 1 系统样板文件

（6）另存为图形样板文件 A3. dwt，默认保存在 AutoCAD 样板文件夹"Template"目录下。

二、使用样板文件

新建 AutoCAD 文件时，系统会弹出如图 5 - 1 所示的【选择样板】对话框，指定新保存的 A3. dwt 为样板文件，则新图形保存了样板文件的所有设置，且新图形中的修改不会影响样板文件。

用户也可以将创建的一整套样板图保存到自己定义的目录下面，然后将 AutoCAD 中寻找样板图的路径指向该文件夹。设置的过程为：单击【应用程序】按钮，在弹出的【选项】对话框中选择【文件】选项卡，找到"样板设

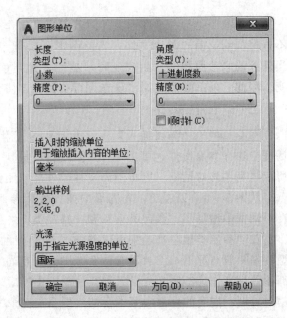

图 5 - 2 【图形单位】对话框

置"下的"图形样板文件位置"，如图 5 - 3 所示，单击【浏览】按钮选择指定的文件夹。

图 5-3　【选项】对话框

第二节　AutoCAD 外部参照

　　外部参照是把一个图形文件附着到当前工作的图形中，被插入的图形文件信息并不直接加到当前的图形文件，当前图形只是记录了引用关系（被插入文件的路径）。当外部的原参照图形发生改变时，被插入到当前图形的参照图形也将发生相应的改变。因此，外部参照适用于正在进行中的分工协作项目。

一、附着外部参照

　　在菜单栏中选择【插入】→【参照】→【附着】，在打开的【选择参照文件】对话框中选择参照文件，单击【打开】按钮，打开【附着外部参照】对话框，如图 5-4 所示。利用该对话框可以将图形文件以外部参照的形式插入到当前图形中。

　　从图 5-4 可以看出，在图形中插入外部参照的方法与插入块的方法相同，只是在对话框中增加了"参照类型"和"路径类型"两个选项。

　　在"参照类型"选项中可以确定外部参照的类型，包括附着型和覆盖型两种类型。在一般情况下，二者没有什么区别，只有当发生嵌套引用（就是当前文件插入外部参照后又作为参照文件插入到其他图纸中）时，二者的差别才会显示出来。如果采用附着型，嵌套的外部参照也会链接到当前图形文件中；如果采用覆盖型，嵌套的外部参照则不会链接到当前图形文件中，覆盖方式可避免出现循环引用（当前文件通过另一文件引用它自己）的情况。

　　在 AutoCAD 中，可以选择不同的路径方式附着外部参照。"完整路径"选项是指外部参照的精确位置将保存到主图形中。此选项的精度度最高，但灵活性最小。如果移动文件夹，AutoCAD 将无法使用完整路径附着的外部参照。"相对路径"选项是

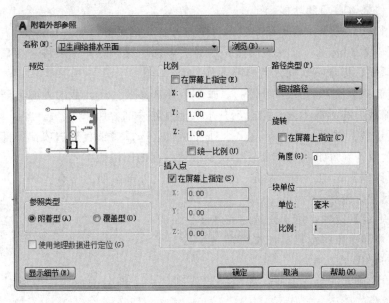

图 5-4 【附着外部参照】对话框

使用相对路径附着外部参照时，将保存外部参照相对于主图形的位置，此选项的灵活性最大。如果移动文件夹，AutoCAD 仍可以使用相对路径附着的外部参照，此时外部参照相对主图形的位置未发生改变。"无路径"选项是指在不使用路径附着外部参照时，AutoCAD 首先在主图形的文件夹中查找外部参照。当外部参照文件与主图形位于同一个文件夹时，此选项非常有用。

附着在主文件的外部参照文件一旦被修改，主文件屏幕右下角的状态栏托盘图标会出现一个气泡通知，提示外部参照文件已修改，可能需要重载，点击重载后主文件中的外部参照文件得到更新。

二、外部参照的管理

（一）外部参照选项板的激活方法

（1）功能区：【插入】→【参照】→
【外部参照】按钮 ■。

（2）命令行：Refx✓。

【外部参照】选项板如图 5-5 所示。
"文件参照"列表右侧的两个图标分别是
"列表图"和"树状图"，用于切换参照列
表的显示形式。默认的状态是"列表图"，
它以无层次列表的形式显示附着的外部参
照和它们的相关数据。可以按参照名、状
态、类型等对列表中的参照进行排序。在
参照的文件名上右击，可以弹出参照快捷
菜单。

图 5-5 【外部参照】选项板

（二）快捷菜单项的功能

（1）【打开】选项：用于在新建窗口中打开选定的外部参照进行编辑。

（2）【附着】选项：和插入参照是一样的，选择【附着】选项将直接显示【外部参照】对话框，提示再次插入此参照。

（3）【卸载】选项：用于卸载一个或多个外部参照，已卸载的外部参照可以很方便地重新加载。与拆离不同，卸载不是永久地删除外部参照。

（4）【重载】选项：在一个或多个外部参照上选择【重载】选项，外部参照文件将被重新读取并在外部参照选项板中显示最新保存的图形版本。

（5）【拆离】选项：用于从定义表中清除指定外部参照的所有实例，并将该外部参照定义标记为删除。

（6）【绑定】选项：用于使选定的外部参照成为当前图形的一部分。

（三）外部参照的裁剪和在位编辑

1. 外部参照的裁剪

对于插入进来的外部参照，如果只想看到其中一部分的内容，可以对其进行裁剪，裁剪命令的激活方式如下：

（1）功能区：【插入】→【参照】→【裁剪】。

（2）命令行：Clip↙。

激活命令后，根据提示选择外部参照，可以使用矩形或多边形来剪裁参照，裁剪完成后，被选中图形以外的参照图形就不可见了。

2. 外部参照的在位编辑

外部参照的在位编辑是指可以在当前文件中直接编辑插入进来的外部参照，保存修改后，参照的原文件也会发生改变。激活外部参照在位编辑的方法如下：

（1）功能区：【参照】→【编辑参照】，选择外部参照进来的图形进行编辑。

（2）命令行：Refedit↙。

（3）选择外部参照进来的图形，并在鼠标右键快捷菜单中选择【在位编辑外部参照】选项，或直接双击外部参照图形。

第三节 AutoCAD 设计中心

设计中心是自 AutoCAD 2000 开始增加的工具，其功能是共享 AutoCAD 图形的设计资源，方便相互调用。它可以共享块、尺寸标注样式、文字样式、图层、线型、外部参照等，不仅可以调用本机上的图形，还可以调用局域网或因特网上其他计算机上的图形。设计中心提高了图形设计和管理的效率。

一、设计中心功能简介

设计中心主要有如下功能：

（1）浏览用户计算机、网络驱动器和 Web 页上的图形内容（例如，图形或符号库）。

（2）在定义表中查看图形文件中块和图层等的定义，然后将定义插入、附着、复制和粘贴到当前图形中。

（3）更新块定义。

（4）创建频繁访问的图形、文件夹和 Internet 网址的快捷方式。

（5）向图形中添加内容（例如，外部参照、块和填充）。

（6）在新窗口中打开图形文件。

（7）将图形、块和填充拖动到工具选项板上，以便于访问。

二、设计中心的启动方法

（1）功能区：【视图】→【选项板】→【设计中心】按钮▦。

（2）命令行：Adcenter↙。

（3）快捷键：【Ctrl＋2】。

三、设计中心工作界面

设计中心启动后出现如图 5-6 所示的工作界面。默认的设计中心路径指向样板文件夹中的"DesignCenter"子目录中的文件，这些文件中包含了许多专业，如机械、电子、建筑等常用的图块。图 5-7 所示就是一个建筑设计文件中定义的图块。

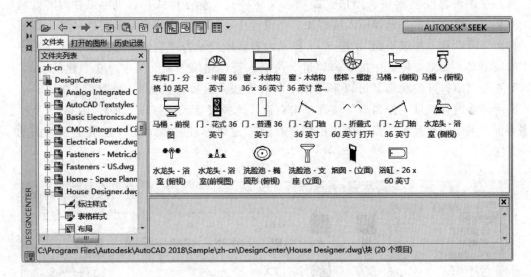

图 5-6 设计中心工作界面

设计中心的界面分为两部分，类似于 Windows 资源管理器，左边是树状图，右边是内容区域，上边一排工具栏。

（一）树状图

树状图显示用户计算机和网络驱动器上的文件与文件夹的层次结构、打开图形的列表、自定义内容，以及上次访问过的位置和历史记录。选择其中的项目可在内容区域中显示其内容。使用设计中心顶部的选项卡按钮可以切换访问树状图的选项，选项卡功能如下：

（1）【文件夹】：显示计算机或网络驱动器（包括"我的电脑"和"网上邻居"）中文件和文件夹的层次结构。

（2）【打开的图形】：显示 AutoCAD 任务中当前打开的所有图形，包括最小化的图形。

（3）【历史记录】：显示最近在设计中心打开的文件列表。显示历史记录后，在一个文件上右击显示此文件信息或从"历史记录"列表中删除此文件。

（二）内容区域

根据树状图中的选项，内容区域的典型显示包括含有图形或其他文件的文件夹、图形、图形中包含的命名对象（块、外部参照、图层、标注样式、文字样式和布局）、基于 Web 的内容等。

（三）工具栏

工具栏提供了加载、上一页、下一页、上一级、搜索、收藏夹、默认、树状图切换、预览、说明、视图等多个工具。

四、利用设计中心向图形添加内容

在设计中心可以利用最简单的拖拽方法向当前打开的图形中插入块、外部参照，在图形之间复制块、图层、线型、文字样式、标注样式等。也可以在内容区域的某个项目上右击，选择插入或添加。在设计中心同时打开两个图形文件"卫生间给排水平面"和"建筑平面"，图 5－7 所示内容区域显示为"卫生间给排水平面"图中的块定义。如果要将其中的"排风道"块插入到"建筑平面"图中，在"建筑平面"图处于当前打开的状态下可以采用以下两种方法：直接拖拽到其绘图区；如图 5－7 所示，在内容区域"排风道"块处单击右键，选择【插入块（I）...】。图 5－8 所示为将"卫生间给排水平面"图中的标注样式"建筑标注"添加到"建筑平面"图的方法。

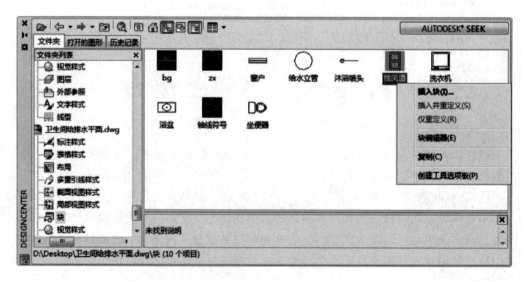

图 5－7　利用设计中心插入块

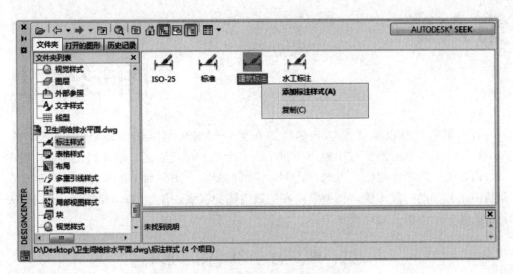

图 5-8 利用设计中心添加标注样式

用同样方法可以添加"建筑平面"中需要的图层、文字样式、标注等。添加完毕后，可以利用设计中心浏览的方式或者使用【图层管理器】、【文字样式管理器】和【标注样式管理器】等工具进行验证。

第六章

图形输出

打印图纸时要根据要求进行相应的设置，以满足实际出图需要和提高效率。AutoCAD 2018 为图形的打印输出提供了强有力的一体化功能。通过相关设置，用户可以确定输出图纸的图幅、方向、比例、线型、线宽、颜色和份数等内容。本章重点介绍图纸打印的一般步骤，模型空间和图纸空间的区别，使用打印样式表、比例列表和批处理打印等提高打印效率等。

第一节 打 印 图 形

一、打印图形的过程

用户在模型空间中将工程图样布置在标准幅面的图框内，在标注尺寸及书写文字后，就可以打印图形了。打印图形的主要过程如下：

（1）指定打印设备，打印设备可以是 Windows 系统打印机，也可以是在 Auto-CAD 中安装的打印机。

（2）选择图纸幅面及打印份数。

（3）设定要输出的内容。例如，可指定将某一矩形区域的内容输出，或是将包围所有图形的最大矩形区域输出。

（4）调整图形在图纸上的位置及方向。

（5）选择打印样式，详见本章第四节。若不指定打印样式，则按对象的原有属性进行打印。

（6）设定打印比例。

（7）预览打印效果。

【实例 6-1】 从模型空间打印图形。

解：（1）打开任意一个需要打印的 CAD 文件（后缀为 .dwg）。

（2）单击【输出】选项卡中【打印】面板上【绘图仪管理器】，打开【Plotters】窗口，利用该窗口的【添加绘图仪向导】添加一台绘图仪/打印机（此处以绘图仪为例）"DWF6 ePlot. pc3"。

（3）单击【输出】选项卡中【打印】面板上的【打印】按钮🖶，打开【打印-模型】对话框，如图 6-1 所示，在该对话框中完成以下设置：

1）在"打印机/绘图仪"分组框的"名称"下拉列表中选择打印设备"DWF6 ePlot. pc3"。

2）在"图纸尺寸"下拉列表中选择 A2 幅面图纸。

3）在"打印份数"分组框的文本框中输入打印份数。

4）在"打印范围"下拉列表中选取【窗口】选项，单击【窗口】选择需要打印的内容。

5）在"打印比例"分组框中设置布满图纸。

6）在"打印偏移"分组框中选择【居中打印】。

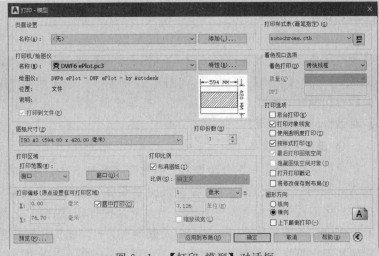

图6-1 【打印-模型】对话框

7）在"图形方向"分组框中设定图形打印方向为【横向】。

8）在"打印样式表"分组框的下拉列表中选择打印样式"monochrome.ctb"（将所有颜色打印为黑色）。

（4）单击 预览(P)... 按钮，预览打印效果，如图6-2所示。若满意则按🖨键开始打印；否则按【Esc】键返回【打印】对话框，重新设定打印参数。

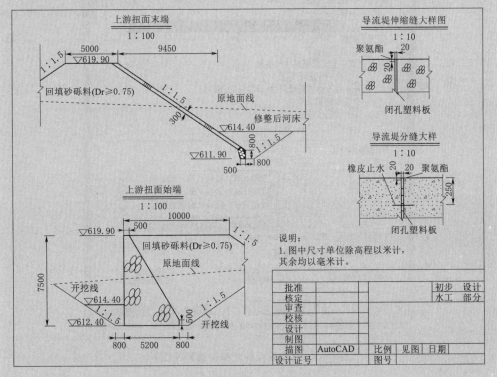

图6-2 预览打印效果

二、设置打印参数

在 AutoCAD 中，可使用内部打印机或 Windows 系统打印机输出图形，并能方便地修改打印机设置及其他打印参数。单击【输出】选项卡中【打印】面板上 🖨 按钮，AutoCAD 打开【打印】对话框，如图 6 – 1 所示。在该对话框中用户可配置打印设备及选择打印样式，还能设定图纸幅面、打印比例及打印区域等参数。下面介绍【打印】对话框的主要功能。

（一）选择打印设备

在"打印机/绘图仪"分组框的"名称"下拉列表中，可选择 Windows 系统打印机或 AutoCAD 内部打印机（后缀为 .pc3 的设备）作为输出设备。请读者注意，这两种打印机名称前的图标是不一样的。当选定某种打印机后，"名称"下拉列表下面将显示被选中设备的名称、连接端口以及其他有关打印机的注释信息。

如果用户想修改当前打印机设置，可单击 特性(R)... 按钮，打开【绘图仪配置编辑器】对话框，如图 6 – 3 所示。在该对话框中可以重新设定打印机端口及其他输出设置，如打印介质、图形、自定义特性、校准及自定义图纸尺寸等。

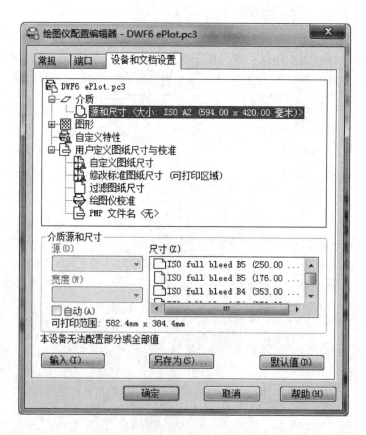

图 6 – 3　【绘图仪配置编辑器】对话框

【绘图仪配置编辑器】对话框包含【常规】、【端口】、【设备和文档设置】3 个选项卡，各选项卡的功能介绍如下：

(1)【常规】：该选项卡包含了打印机配置文件（".pc3"文件）的基本信息，如配置文件名称、驱动程序信息和打印机端口等。也可在此选项卡的【说明】列表框中加入其他注释信息。

(2)【端口】：通过此选项卡用户可修改打印机与计算机的连接设置，如选定打印端口、指定打印到文件和后台打印等。

提示：若使用后台打印，则允许用户在打印的同时运行其他应用程序。

(3)【设备和文档设置】：在该选项卡中可以指定图纸的来源、尺寸和类型，并能修改颜色深度、打印分辨率等。

(二) 使用打印样式

在【打印】对话框"打印样式表"下拉列表中选择打印样式，如图 6-4 所示。打印样式是对象的一种特性，与同颜色、线型一样，用于修改打印图形的外观。若为某个对象选择了一种打印样式，则输出图形后，对象的外观由样式决定。AutoCAD 提供了几百种打印样式，并将其组合成一系列打印样式表。

1. 类型

打印样式表通常有以下两种类型：

(1) 颜色相关打印样式表。颜色相关打印样式表以".ctb"为文件扩展名保存。该表以对象颜色为基础，共包含 255 种打印样

图 6-4 选择打印样式

式，每种 ACI 颜色对应一个打印样式，样式名分别为"颜色 1""颜色 2"等，用户不能添加或删除颜色相关打印样式，也不能改变它们的名称。若当前图形文件与颜色相关打印样式表相连，则系统自动根据对象的颜色分配打印样式。用户不能选择其他打印样式，但可以对已分配的样式进行修改。

(2) 命名相关打印样式表。命名相关打印样式表以".stb"为文件扩展名保存。该表包括一系列已命名的打印样式，用户可修改打印样式的设置及其名称，还可添加新的样式。若当前图形文件与命名相关打印样式表相连，则用户可以不考虑对象颜色，直接给对象指定样式表中的任意一种打印样式。

2. 参数详情

"打印样式表"下拉列表中包含了当前图形中的所有打印样式表，可选择其中之一，若要修改打印样式，就单击此下拉列表右边的■按钮，打开【打印样式表编辑器】对话框，利用该对话框可查看或改变当前打印样式表中的参数。

(1) 图纸幅面。在【打印】对话框的"图纸尺寸"下拉列表中指定图纸大小，如图 6-5 所示。"图纸尺寸"下拉列表中包含了选定打印设备可用的标准图纸尺寸，当选择某种幅面图纸时，该列表右上角出现所选图纸及实际打印范围的预览图像（打印范围用阴影表示出来，可在"打印区域"分组框中设定）。将鼠标光标移到图像上面，在鼠标光标的位置处就显示出精确的图纸尺寸及图纸上可打印区域的尺寸。

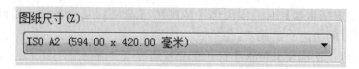

图 6-5 "图纸尺寸"下拉列表

除了从"图纸尺寸"下拉列表中选择标准图纸外，也可以创建自定义的图纸。此时，需修改所选打印设备的配置。

（2）打印区域。在【打印-模型】对话框的"打印区域"分组框中设置要输出的图形范围，如图 6-6 所示。

图 6-6 "打印区域"
分组框

该分组框的"打印范围"下拉列表中包含 4 个选项。

1）【窗口】：打印用户自己设定的区域。选取此选项后，系统提示指定打印区域的两个角点，同时在【打印-模型】对话框中显示 窗口(0)< 按钮，单击右侧窗口按钮，可重新设定打印区域。

2）【范围】：打印图样中的所有图形对象。

3）【图形界限】：从模型空间打印时，"打印范围"下拉列表将列出【图形界限】选项。选取该选项，系统就把设定的图形界限范围（用 Limits 命令设置图形界限）打印在图纸上。例如，设置图形界限左下角为（0，0），右上角为（594，240），将采用 A2 横幅图纸绘制的图 6-2 的左下角移动到原点位置后进行打印，结果如图 6-7 所示。从图纸空间打印时，"打印范围"下拉列表将列出【布局】选项。选取该选项，系统将打印虚拟图纸可打印区域内的所有内容。

4）【显示】：打印整个图形窗口。

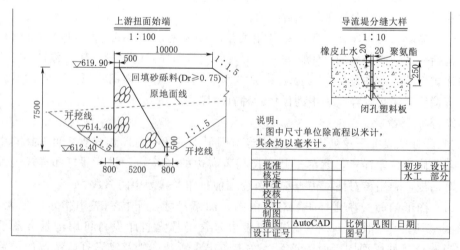

图 6-7 应用【图形界限】选项的打印效果

（3）打印比例。在【打印】对话框的"打印比例"分组框中设置出图比例，如图 6-1 所示。绘制阶段用户根据实物按 1:1 比例绘图，出图阶段需依据图纸尺寸确定打印比例，该比例是图纸尺寸单位与图形单位的比值。当测量单位是毫米，打印比例设定为 1：2 时，表示图纸上的 1mm 代表 2 个图形单位。

"比例"下拉列表包含了一系列标准缩放比例值。此外，还有【自定义】选项，该选项使用户可以自己指定打印比例。从模型空间打印时，【打印比例】的默认设置是"布满图纸"。此时，系统将缩放图形以充满所选定的图纸。

（4）着色打印。着色打印用于指定着色图及渲染图的打印方式，并可设定它们的分辨率。在【打印】对话框的"着色视口选项"分组框中设置了"着色打印""质量"和"DPI" 3 个着色打印方式。

在"着色视口选项"选项区域，可从"着色打印"下拉列表中选择打印精度。如果打印一个包含三维着色实体的图形，还可以控制图形的【着色】模式。

常用的【着色】模式有 4 种：

1）按显示：按显示打印设计，保留所有着色。

2）线框：显示直线和曲线，以表示对象边界。

3）消隐：不打印位于其他对象之后的对象。

4）渲染：根据打印前设置的【渲染】选项，在打印前要对对象进行渲染。

（5）图形方向和位置。图形在图纸上的打印方向通过"图形方向"分组框中的选项调整，如图 6-1 所示。该分组框包含一个图标，此图标表明图纸的放置方向，图标中的字母代表图形在图纸上的打印方向，包含了纵向、横向和上下颠倒打印 3 个选项。

图形在图纸上的打印位置由"打印偏移"分组框中的选项确定。默认情况下，AutoCAD 从图纸左下角打印图形，打印原点处在图纸左下角位置，坐标是（0，0）。用户可在"打印偏移"分组框中设定新的打印原点，这样图形在图纸上将沿 X 和 Y 轴移动。"打印偏移"分组框包含【居中打印】，以及指定打印原点在 X 和 Y 方向的偏移值。

打印参数设置完成后，用户可通过打印预览观察图形的打印效果，如果不合适可重新调整，以免浪费图纸。另外，选择打印设备并设置打印参数（图纸幅面、比例和方向等）后，可以将所有这些保存在页面设置中，以便以后使用。

第二节　模型空间打印图纸

如果仅仅是创建具有一个视图的二维图形，则可以在模型空间中完整创建图形并对图形进行注释，并且直接在模型空间中进行打印，而不使用布局选项卡。这是使用 AutoCAD 打印图形的传统方法。

一、激活打印命令的方法

（1）功能区：【输出】→【打印】→【打印】🖨。

（2）命令行：Plot↙。

二、在模型空间中打印的步骤

（1）打开需要打印的 CAD 文件，激活打印命令，弹出【打印-模型】对话框，如图 6-1 所示。

（2）在"打印机/绘图仪"选项区域的"名称"下拉列表中选择打印机，如果计算机上真正安装了一台打印机，则可以选择此打印机，如果没有安装打印机，则选择AutoCAD提供的一个虚拟的电子打印机"DWF6 ePlot.pc3"。

（3）在"图纸尺寸"选项区域的下拉列表中选择纸张的尺寸，这些纸张都是根据打印机的硬件信息列出的。如果在第（2）步选择了电子打印机"DWF6 ePlot.pc3"，则在此选择"ISO A2（594.00×420.00毫米）"，这是一张A2图纸。

（4）在"打印区域"选项区域的"打印范围"下拉列表中选择"窗口"，如图6-6所示。此选项将会切换到绘图窗口供用户选择要打印的窗口范围，确保激活了"对象捕捉"中的"端点"，选择图形的左上角点和右下角点，将整个图纸包含在打印区域中，勾选【居中打印】。

（5）使用【布满图纸】选项以最大化地打印出图形。也可以去掉"打印比例"选项区域的【布满图纸】复选框的选择，在"比例"下拉列表中选择CAD提供的出图比例。

（6）在"打印样式表"选项区域的下拉列表中选择"monochrome.ctb"，此打印样式表可以将所有颜色的图线都打印成黑色，确保打印出规范的黑白工程图纸，而非彩色或灰度的图纸。最后的打印设置如图6-1所示。

（7）单击【预览】按钮，可以看到即将打印出来图纸的样子，在预览图形的右键菜单中选择【打印】选项或者在【打印-模型】对话框单击【确定】按钮开始打印。打印完成后，右下角状态栏托盘中会出现"完成打印和作业发布"气泡通知。单击此通知会弹出【打印和发布详细信息】对话框，里面详细地记录了打印作业的具体信息。

三、打印局限性

通过上面的步骤，可以大致归纳出模型空间中打印是比较简单的，但是却有很多局限，具体如下：

（1）虽然可以将页面设置保存起来［如第（6）步介绍的方法］，但是和图纸并无关联，每次打印均须进行各项参数的设置或者调用页面设置。

（2）仅适用于二维图形。

（3）不支持多比例视图和依赖视图的图层设置。

（4）如果进行非1：1的出图，缩放标注、注释文字、标题栏和线型比例等都需要进行计算。

使用此方法，通常以实际比例1：1绘制图形几何对象，并用适当的比例创建文字、标注和其他注释，以保证在打印图形时正确显示大小。对于非1：1出图，一般的水利工程图并没有太多体会，如果绘制大型装配图或者建筑图纸，常常会遇到标注文字、线型比例等诸多问题。比如模型空间中绘制1：1的图形想要以1：10的比例出图，在注写文字和标注的时候就必须将文字和标注放大10倍，线型比例也要放大10倍，才能在模型空间中正确的按照1：10的比例打印出标准的工程图纸。对于这一类的问题，如果使用图纸空间出图便迎刃而解。

第三节 图纸空间打印图纸

图纸空间在 AutoCAD 中的表现形式就是布局，想要通过布局输出图形，首先要创建布局，然后在布局中打印出图（创建布局的方法已在第一章第四节进行了详细介绍）。

同样是打印出图，在布局中进行要比在模型空间中进行方便许多，因为布局实际上可以看作是一个打印的排版，在创建布局的时候，很多打印时需要的设置（比方说打印设备、图纸尺寸、打印方向、出图比例等）都已经预先设定了，在打印的时候就不需要再进行设置。

一、布局中打印出图的过程

接下来介绍在布局中进行打印输出的过程，步骤如下：

（1）打开 CAD 文件，并从模型切换到布局 1。

（2）激活 Plot 命令后，绘图窗口出现【打印-布局 1】对话框，如图 6-8 所示，其中"布局 1"是要打印的布局名。

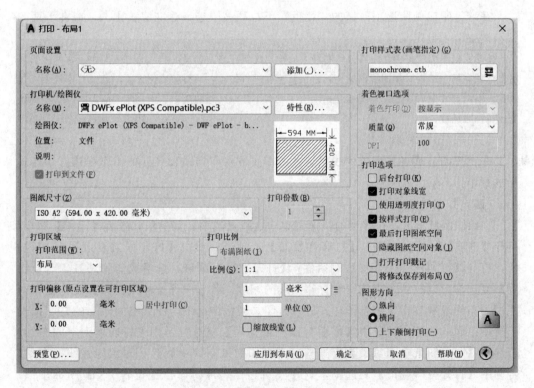

图 6-8 【打印-布局 1】对话框

（3）可以看到，打印设备、图纸尺寸、打印区域、打印比例都按照布局里的设定设置好了，无须再进行设置，布局就像是一个打印的排版，所见即所得。打印样式表如果没有设置，可以在此进行，将打印样式表设置为"acad.ctb"，然后单击【应用到布局】选项，所做的打印设置修改就会保存到布局设置中，下次再打印的时候就不必重复设置了。

（4）单击【确定】按钮，就会开始打印。由于选择了虚拟的电子打印机，此时会弹出【浏览打印文件】对话框，提示将电子打印文件保存到何处。选择合适的目录后单击【保存】按钮，便开始进行打印。

可以看到，在布局里进行打印要比在模型空间里进行打印步骤简单得多。

二、打印设置

接下来对打印对话框中的部分内容进行进一步的说明。

（一）页面设置

页面设置选项区域保存了打印时的具体设置，可以将设置好的打印方式保存在页面设置文件中，供打印时调用。在模型空间中打印时，没有一个与之关联的页面设置文件，而每一个布局都有自己专门的页面设置文件。

在此对话框（图6-8）中做好设置后，单击【添加】按钮，给出名字，就可以将当前的打印设置保存到命名页面设置中。

（二）打印比例

在"打印比例"选项区域的"比例"下拉列表中选择标准缩放比例，或在下面的编辑框中输入自定义值。

注意：这里的"比例"是指打印布局时的输出比例，通常选择1:1，即按布局的实际尺寸打印输出。线宽用于指定对象图线的宽度，并按其宽度进行打印，与打印比例无关。若按打印比例缩放线宽，需选择【缩放线宽】复选框。如果图形要缩小为原尺寸的一半，则打印比例为1:2，这时线宽也将随之缩放。

（三）打印样式表

在"打印样式表"下拉列表中选择所需要的打印样式表（有关如何创建打印样式见本章第四节）。

（四）打印选项

在绘图区域右击，在弹出的快捷菜单中选择【选项】菜单项，激活【选项】命令，打开【选项】对话框，单击【打印和发布】选项卡；单击【打印样式表设置...】按钮，打开【打印样式表设置】对话框；【打印选项】区域，选择或清除【打印对象线宽】复选框，以控制是否按线宽打印图线的宽度。若选中【按样式打印】复选框，则使用为布局或视口指定的打印样式进行打印。通常情况下，图纸空间布局的打印优先于模型空间的图形，若选中【最后打印图纸空间】复选框，则先打印模型空间图形。若选中【隐藏图纸空间对象】复选框，则打印图纸空间中删除了对象隐藏线的布局。若选中【打开打印戳记】复选框，则在其右边出现【打印戳记设置...】图标按钮；打印戳记是添加到打印图纸上的一行文字（包括图形名称、布局名称、日期和时间等）。单击这一按钮，打开【打印戳记】对话框，如图6-9所示，可以为要打印的图纸设计戳记的内容和位置，打印戳记可以保存到（*.pss）打印戳记参数文件中供以后调用。

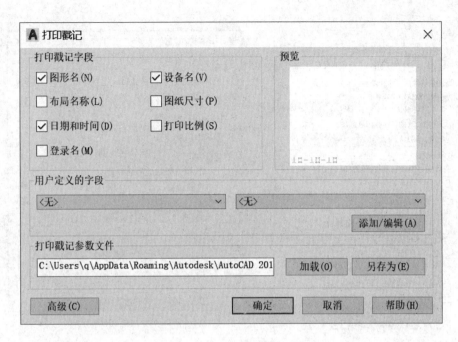

图 6-9 【打印戳记】对话框

第四节 使用打印样式表

前面的打印设置中，都提到了打印样式表的设置，所谓打印样式表是通过确定打印特性（例如线宽、颜色和填充样式）来控制对象或布局的打印方式。打印样式类型有两种：颜色相关打印样式表和命名打印样式表。一个图形只能使用一种打印样式表，它取决于开始画图以前采用的是与颜色相关的样板文件，还是与命名打印样式有关的样板文件，如图 1-18 所示，如果选择的样板图文件名后有"Named Plot Styles"字样，就是命名打印样式样板文件。AutoCAD 新建的图形不是处于"颜色相关"模式下就是处于"命名相关"模式下，这和创建图形时选择的样板文件有关。若是采用无样板方式新建图形，则可事先设定新图形的打印样式模式。

通过"选项（Options）"命令可以查看默认的打印样式的类型，方法如下：

（1）在绘图区域右击，在弹出的快捷菜单中选择【选项】菜单项，激活【选项】命令，打开【选项】对话框，单击【打印和发布】选项卡。

（2）单击【打印样式表设置…】按钮，打开【打印样式表设置】对话框，如图 6-10 所示。在这个对话框中选择不同的打印样式，可以指定新图形所使用的打印样式是颜色相关打印样式表还是命名打印样式表。当选取【使用命名打印样式】单选项后，还可设定图层 0 或图形对象所采用的默认打印样式。使用命令 Convertpstyles，可以将当前图形由颜色相关打印样式表转换为命名打印样式表，或者将命名打印样式表转换为颜色相关打印样式表。

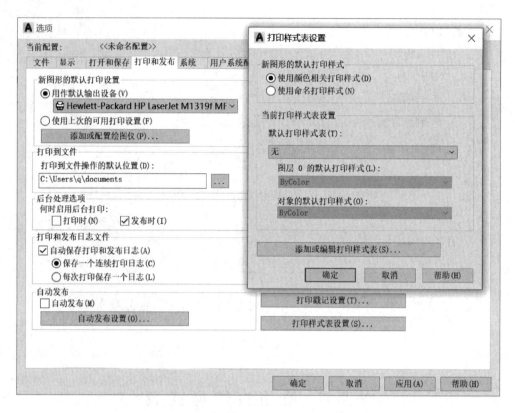

图 6-10　【打印样式表设置】对话框

　　对于颜色相关打印样式表，对象的颜色决定打印方式。这些打印样式表文件的扩展名为 .ctb。不能直接为对象指定颜色相关打印样式。相反，要控制对象的打印颜色，必须修改对象的颜色。

　　通过使用颜色相关打印样式来控制对象的打印方式，可以确保所有颜色相同的对象以相同的方式打印。

　　1）当图形使用颜色相关打印样式表时，用户不能为某个对象或图层指定打印样式。要为单个对象指定打印样式特性，必须修改对象或图层的颜色。例如，图形中所有被指定为红色的对象均以相同打印方式打印。

　　2）可以为布局指定颜色相关打印样式表。可以使用多个预定义的颜色相关打印样式表、编辑现有的打印样式表或创建用户自己的打印样式表。颜色相关打印样式表存储在 Plot Styles 文件夹中，其扩展名为 .ctb。

　　3）使用颜色相关打印样式表的方法是：在【打印】对话框的【打印设备】选项卡中，从"打印样式表"下拉列表中，选择自定义的颜色相关打印样式表，应用到要打印的图形上。

　　命名打印样式表使用直接指定给图层或对象的打印样式。这些打印样式表文件的扩展名为 .stb。使用这些打印样式表可以使图形中的每个对象以不同颜色打印，可与对象本身的颜色无关。

第五节 管理比例列表

在 AutoCAD 中，有时会用到比例列表，比如在创建视口、注释性比例和打印出图的时候。工程图纸的大小幅面是有限的，而工程图形的实际尺寸却没有限制，为了在出图的时候将大尺寸的图形在小幅面的图纸上表现出来而设定了出图比例，国标中对比例也有一定的规定，在 AutoCAD 默认的比例列表中也列入了大多数的比例，例如 1 : 1、1 : 2、1 : 10 等。在公制图形中，比例的前后数值表示图纸上尺寸与实际图形尺寸的比值，比例列表也可以自己进行定义。

一、激活比例列表的方法

(1) 功能区：【注释】→【注释缩放】→【比例列表】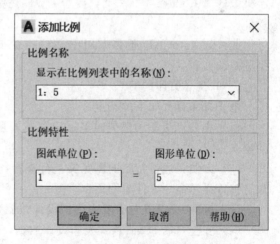。

(2) 状态栏：【视口比例】旁的倒三角 1:1/100% ▾ →【自定义】。

(3) 命令行：Scalelistedit↙。

二、编辑比例列表的步骤

(1) 在【视口比例】快捷菜单中选择【自定义】菜单项激活命令，AutoCAD 弹出【编辑图形比例】对话框，如图 6-11 所示。此对话框【比例列表】中列入了已有的常用比例。

(2) 单击【添加】按钮，弹出【添加比例】对话框，如图 6-12 所示，在"比例名称"选项区域的"显示在比例列表中的名称"文本框中输入"1:5"，然后将"比例特性"选项区域的"图形单位"文本框值改为"5"，如图 6-12 所示。

图 6-11 【编辑图形比例】对话框

图 6-12 【添加比例】对话框

(3) 单击【确定】按钮返回【编辑图形比例】对话框，此时"比例列表"增加了 1 : 5 这个比例。

在添加视口或者打印图形的时候，比例列表中就会增加 1 : 5 这个列表项，如果选择它，将使用 1 : 5 的比例创建视口或打印图形。

第六节　电子打印与批处理打印

一、电子打印

在项目组内部可以通过电子传递的技术以"．dwg"图形文件的形式与设计伙伴交流图形信息，但与客户或甲方的图形信息交流就不能直接采用"．dwg"源图形文件的形式。因为设计师提供给客户的图形应该是既可以浏览，又不能由客户随意编辑、改动的。以往都是将打印好的图纸交给客户进行沟通，现在可以通过"．dwf"电子打印的方式向对方或更多客户发布图形集，既省却了纸介质，也大大缩短了传递速度。

从 AutoCAD 2000 开始提供了新的图形输出方式，可以进行电子打印，可把图形打印成一个"．dwf"文件，用特定的浏览器进行浏览。"DWF6 ePlot.pc3"打印机就可以进行电子打印。

DWF（Web 图形格式）文件格式为共享设计数据提供了一种简单、安全的方法。可以将它视为设计数据包的容器，它包含了在可供打印的图形集中发布的各种设计信息。DWF 格式的文件是一种矢量图形文件，与其他格式的图形文件不同，它只能阅读，不能修改；相同之处是可以实时放大或缩小图形，不影响其显示精度。DWF 文件非常灵活，它保留了大量压缩数据和所有其他种类的设计数据。DWF 是一种开放的格式，可由多种不同的设计应用程序发布。它同时又是一种紧凑的、可以快速共享和查看的格式。任何人都可以使用免费的 Autodesk Design Review，甚至平板电脑和手机上的 Autodesk 360 软件，查看 DWF 文件，而无须拥有创建此文件的 AutoCAD 软件。

此外，AutoCAD 还支持 PDF 文档的发布，使用更加通用的 PDF 阅览器就可以浏览。

（一）电子打印的特点

电子打印具有如下的特点。

（1）小巧：受专利保护的多层压缩使矢量图文件很"小巧"，便于在网上交流和共享。

（2）方便：通过特定的浏览器进行查看，无须安装 AutoCAD 软件就可以完成缩放平移等显示命令，使看图更加方便。

（3）智能：DWF 包含具有内嵌设计智能（例如测量和位置）的多页图形。

（4）安全：以 DWF 格式发布设计数据，可以在将设计数据分发到大型评审组时保证原始设计文档不变，若涉及商业机密，还可以为图形集设置口令保护，以便供有关人员查阅。

（5）快速：通过 Autodesk 软件应用程序创建 DWF 的过程非常快速简便。

（6）节约：交流图纸时无须打印设备，节约资源。

（二）电子打印的步骤

电子打印的操作步骤如下：

（1）单击【输出】标签→【打印】面板→【打印】按钮，打开【打印-××】对话框。

（2）在"打印机/绘图仪"选项区域的"名称"下拉列表中选择打印设备为"DWF6 ePlot.pc3"。

（3）单击【确定】按钮，打开【浏览打印文件】对话框。默认情况下，Auto-CAD将当前图形名后加上"模型"（在【模型】选项卡中打印时）或"布局"（打印某布局时）作为打印文件名，后缀为".dwf"。确定好文件存储目录后，单击【保存】按钮，完成电子打印的操作。

（三）浏览电子打印文件

打印完成的电子图纸可以通过免费的 Autodesk Design Review 进行浏览，这个软件并不随着 AutoCAD 安装，可以在 Autodesk 官方网站上下载免费的 Autodesk Design Review 安装到计算机中，DWF 文件将自动关联到这个程序上，因此直接双击 DWF 文件就可以用 Autodesk Design Review 来浏览图形。在 Autodesk Design Review 中可以像在 AutoCAD 中一样对图形进行缩放、平移等浏览，也可以将之打印出来。

另外，如果安装了 Autodesk Design Review，将会自动在 Internet Explorer（IE 浏览器）中安装 DWF 插件，通过 Internet Explorer 也可以浏览 DWF 图形，操作方法和 Autodesk Design Review 一样，这样就便于 DWF 图形发布到互联网上。

二、批处理打印

批处理打印又称发布，在打印时选择"DWF6 ePlot.pc3"电子打印机这种方式可以将图纸打印到单页的 DWF 文件中，批处理打印图形集技术还可以将一个文件的多个布局，甚至是多个文件的多个布局打印到一个图形集中。这个图形集可以是一个多页 DWF 文件或多个单页 DWF 文件。若涉及商业机密，还可以为图形集设置口令保护，以便供有关人员查阅。

对于在异机或异地接收到的 DWF 图形集，使用 Autodesk Design Review 就可以浏览图形。若接上打印机，就可将整套图纸通过 Autodesk Design Review 打印出来。

（一）激活发布图形集命令的方法

（1）功能区：【输出】→【打印】→【批处理打印】🖨️。

（2）命令行：Publish↙。

（二）发布图形集的步骤

本节以名为"水闸图.dwg"的多布局水利设计图为例进行说明，其他多布局图形的发布方式相似。

（1）打开图形。

（2）单击【输出】→【打印】→【批处理打印】，激活发布图形集命令，弹出【发布】对话框，如图 6-13 所示。

在这个对话框的图纸列表中，当前图形模型和所有布局选项卡都列在其中，需要把当前图形中的所有布局发布到同一个 DWF 文件中去。

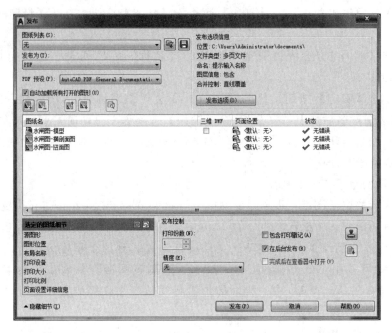

图 6-13 【发布】对话框

（3）将不需要发布的"水闸图-模型"选中，然后在右键快捷菜单中选择【删除】。如果想要将其他图纸一起发布，可以单击【添加图纸】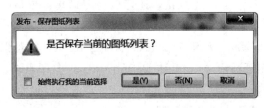按钮，这样还可以将多个 DWG 文件发布到一个 PDF 文件中。

（4）列表中的排列顺序将是发布完的多页 PDF 图纸的排列顺序，此时如果对这个顺序不满意，还可以选中某个布局，单击【上移图纸】按钮圆、【下移图纸】按钮圆进行调整。

（5）单击【发布】按钮将图纸发布到文件，此时 AutoCAD 会显示【选择 PDF 文件】对话框，以确定 PDF 文件保存的位置；之后出现【发布-保存图纸列表】对话框，如图 6-14 所示，选择【是】，继而出现【列表另存为】对话框。

图 6-14 【发布-保存图纸列表】对话框

（6）单击【保存】按钮后，AutoCAD 将图形打印到 PDF 文件。

第七章

三维模型创建与编辑

第一节 概 述

在工程设计和绘图过程中，三维模型的应用越来越广泛。三维模型工程设计有着重要的意义，可以在生产、制造、施工前，通过三维模型进行力学分析、运动机构的干涉检查等，及时发现设计问题，最大限度降低设计失误带来的损失。

在 AutoCAD 中可以创建三种三维模型：线框模型、表面模型和实体模型。

线框模型是由三维的直线和曲线组成的三维实体的轮廓模型［图 7-1（a）］。因此，线框模型虽具有三维的显示效果，但实际上由线构成，没有面和体的特征，既不能对其进行面积、体积、重心、质量和惯性矩等的计算，也不能进行着色、渲染等操作。

表面模型是通过确定三维对象边界建立形体各组成表面来表现立体的［图 7-1（b）］。因表面不透明，能挡住视线，故表面模型可对形体进行消隐、着色和渲染，但不能对其进行体积、重心、质量和惯性矩等的计算。

实体模型包含了形体线、面、体的所有特征，各实体对象间可进行布尔运算，因此该模型在三维绘图中最为常用［图 7-1（c）］。

(a) 线框模型　　　　(b) 表面模型　　　　(c) 实体模型

图 7-1　AutoCAD 的三种三维模型

第二节 设 置 三 维 绘 图 环 境

一、三维建模空间

AutoCAD 2018 专门为三维建模设置了工作空间，需要使用时，只要从状态栏工作空间的列表中选择【三维建模】即可，详见图 7-2 中工作空间下拉列表。

新建图形时使用【acadiso3D. dwt】样板图，并且选择了【三维建模】工作空间后，整个工作界面成为专门为三维建模设置的环境，如图 7-2 所示，绘图区域成为一个三维的视图，上方的按钮标签变为一些三维建模常用的设置。默认情况下，三维建模空间【常用】选项卡中包含【建模】面板、【实体编辑】面板、【坐标】面板、【视图】面板等，这些面板的功能如下：

(1)【建模】面板：包含创建基本立体、回转体及其他曲面立体等的命令按钮。

(2)【实体编辑】面板：利用该面板中的命令按钮可对实体表面进行拉伸、旋转等操作。

(3)【坐标】面板：通过该面板上的命令按钮可以创建及管理 UCS 坐标系。

(4)【视图】面板：通过该面板中的命令按钮可设定观察模型的方向，形成不同的模型视图。

图 7-2　三维建模空间

二、三维坐标系

AutoCAD 中有两个坐标系，一个是系统默认的世界坐标系（WCS），另一个是根据绘图需要可移动的用户坐标系（UCS），它们都是笛卡儿坐标系。前面章节里绘制平面图形时使用的都是 WCS，但是在绘制三维图形时，仅仅使用 WCS 是不能满足需要的，只有灵活运用 UCS，才能准确、快捷地创建三维模型。

图 7-3　【坐标】面板

（一）创建用户坐标系（UCS）

所谓创建用户坐标系，就是要重新确定坐标系的原点以及 X 轴、Y 轴和 Z 轴的方向。AutoCAD 提供了以下多种方式创建用户坐标系。

(1) 命令行：UCS✓。

(2) 单击【常用】选项卡→【坐标】面板，如图 7-3 所示。

（二）创建 UCS 坐标系命令说明

命令：UCS
当前 UCS 名称：＊世界＊
指定 UCS 的原点或[面(F)/命名(NA)/对象(OB)/上一个(P)/视图(V)/世界(W)/X/Y/Z/Z轴(ZA)]<世界>：

命令选项的说明如下：

（1）"面（F）"：将 UCS 与实体对象的选定面对齐。UCS 的 X 轴将与找到的第一个面上的最近的边对齐。

（2）"命名（NA）"：按名称保存并恢复通常使用的 UCS 方向。

（3）"对象（OB）"：选择实体以定义新的坐标系。

（4）"上一个（P）"：恢复上一个 UCS。AutoCAD 将会保留用户所创建的最后 10 个坐标系。

（5）"视图（V）"：以垂直于观察方向（平行于屏幕）的平面为 XY 平面，建立新的坐标系。UCS 原点保持不变。在这种坐标系下，用户可以对三维实体进行文字注释和说明。

（6）"世界（W）"：将当前用户坐标系设置为世界坐标系。

（7）"X/Y/Z"：将当前 UCS 绕 X 轴或绕 Y 轴或绕 Z 轴旋转指定的角度。

（8）"Z 轴（ZA）"：用指定新原点和指定一点为 Z 轴正方向的方法创建新的 UCS。

（三）动态 UCS

在 AutoCAD 2018 中提供了动态 UCS 工具，该工具的调用方法为用鼠标左键单击屏幕状态栏右下角的【自定义】按钮，在弹出菜单中勾选【动态 UCS】菜单项，此时状态栏上会出现【动态 UCS】开关，如图 7-4 所示。使用该功能，可以在创建对象时使 UCS 的 XY 平面自动与实体模型上的平面临时对齐。采用下拉菜单同样可以显 UCS 图标，操作步骤为：【工具】→【选项】→【三维建模】→【显示 UCS 图标】。

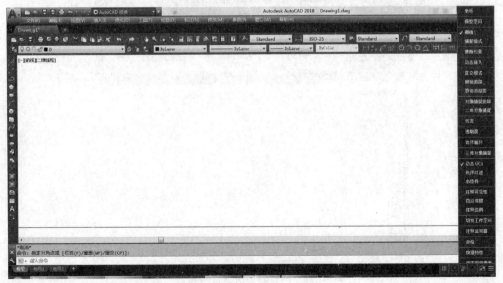

图 7-4 【动态 UCS】开关

实际操作时，先激活创建对象的命令，然后将光标移动到想要创建对象的平面，该平面就会自动亮显，表示当前的 UCS 被对齐到此平面上，接下来就可以在此平面上创建对象了。

资源 7.1
UCS 应用
实例

【实例 7-1】 合理利用 UCS，在图 7-5（a）图形外表面Ⅰ、Ⅱ、Ⅲ的标记点处绘制半径为 40mm 的圆。绘制完成后，将 UCS 设置为世界坐标系。

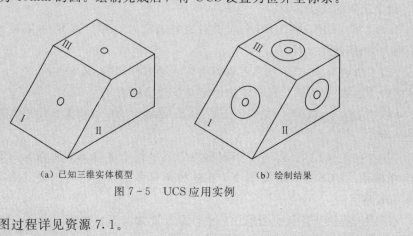

（a）已知三维实体模型　　　　（b）绘制结果

图 7-5　UCS 应用实例

解：绘图过程详见资源 7.1。

（四）观察显示三维模型

为了更好、更全面地观察三维模型，在创建三维模型的时候，除了要变换用户坐标系，还要在三维空间设置三维观察视点的位置，从不同方位观察三维模型，以便更加快捷、准确地创建模型。

处在三维建模环境的时候，可打开绘图区右方的【导航栏】进行相关的控制。在导航栏里，可用【全导航控制盘】、【平移】、【动态观察】等工具进行操作。可通过【视图】→【视口工具】面板中的【导航栏】按钮，控制导航栏的显示与隐藏，如图 7-6 所示。

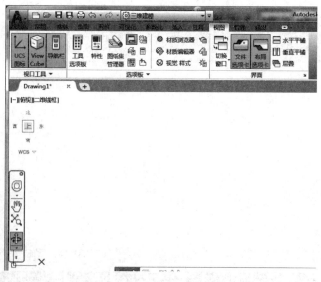

图 7-6　导航栏的显示与控制

AutoCAD 提供了用户观察三维模型的两种方式：一种是使用系统预置的视图；另一种是使用动态观察器的动态观察功能。

下面简单介绍一下这两种观察三维模型的方式。

1. 使用系统预置的视图

打开【可视化】→【视图】面板或【常用】→【视图】面板，包含【俯视】、【前视】等六个视图方向以及【西南等轴测】等四个轴测图方向，如图 7-7（a）所示。

对某三维模型选择【西南等轴测】及【前视】，观察效果如图 7-7(b)、(c) 所示。

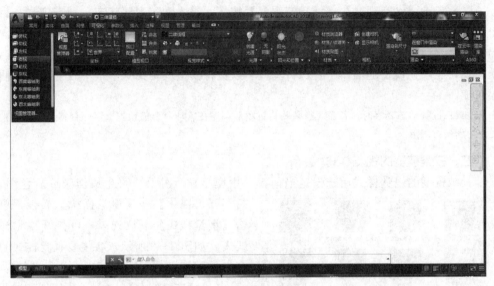

（a）特殊视图观察面板

（b）【西南等轴测】观察效果

（c）【前视】(主视)观察效果

图 7-7　系统预置视图观察三维模型

在使用六个系统预置视图（俯视、仰视、左视、右视、前视、后视）观察模型时，UCS 坐标系会随视图方式的不同而发生变化，例如，当视图模式由俯视变为左视时，UCS 的 XOY 面会由俯视时的平行于水平面变为左视时的平行于左侧投影面，即当前的视图平面与 UCS 的 XOY 平面平行；而变换四个轴测图（西南、东南、东北、西北等轴测等）时，UCS 的 XOY 平面不会变化。

2. 动态观察

使用动态观察的方式查看三维模型，具有动态、交互式、直观性的优点，会大幅提升创建三维模型的效率。打开【导航栏】的【动态观察】下拉式列表会弹出【动态观察】、【自由动态观察】、【连续动态观察】三个菜单项，下面介绍查看模型的这三种动态观察方式。

（1）单击【动态观察】→【自由动态观察】按钮，进入自由观察状态。该模式的视点不受约束，在任意方向上都可进行动态观察。

（2）单击【动态观察】→【连续动态观察】按钮，进入连续观察状态。通过按住鼠标的左键拖动该模型，使模型按照拖动的方向进行相应的旋转。

（3）单击【动态观察】→【动态观察】按钮，进入动态观察状态。动态观察与自由动态观察的方式十分相像，二者的区别在于，在动态观察的进行过程中，垂直方向的坐标轴（通常会是 Z 轴）是保持垂直不变的。比如在观察建筑工程模型图的时候，动态观察能够让模型的墙体一直保持垂直，以免将模型旋转到一个很不容易理解的倾斜角度。

注意：进行动态观察时，若需观察某些特定图形，需在启动命令前预先选定，否则会观察当前文件中的所有图形。

三、三维模型的视觉样式

三维模型的视觉样式用于设定当前视口中模型显示外观，可生成消隐或着色图，

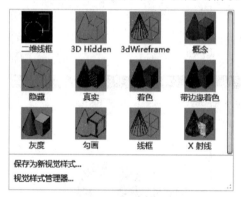

图 7-8　视觉样式表

打开【可视化】→【视觉样式】面板，单击【视觉样式】下拉列表，可打开视觉样式表，如图 7-8 所示。各主要视觉样式的含义如下：

（1）【二维线框】：通过使用直线和曲线表示边界的方式显示对象，如图 7-9（a）所示。

（2）【概念】：着色对象的效果缺乏真实感，但可以清晰地显示模型细节，如图 7-9（b）所示。

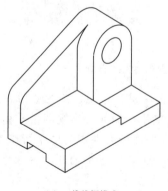

（a）二维线框模式

（b）概念模式

图 7-9　不同视觉样式对照图

(3)【隐藏】：用三维线框表示模型并隐藏不可见线条。

(4)【真实】：对模型表面进行着色，显示已附着于对象的材质。

(5)【着色】：将对象平面着色，着色的表面较光滑。

(6)【带边缘着色】：用平滑着色和可见边显示对象。

(7)【灰度】：用平滑着色和单色灰度显示对象。

(8)【勾画】：用线延伸和抖动边修改器显示手绘效果的对象。

(9)【线框】：用直线和曲线表示模型。

(10)【X射线】：以局部透明度显示对象。

用户可以对已有视觉样式进行修改或创建新的视觉样式，单击【视图】面板上的【视觉样式】下拉列表中的【视觉样式管理器】选项，打开【视觉样式管理器】对话框，如图7-10所示。通过该对话框可以更改视觉样式的设置或新建视觉样式。单击某一种视觉样式后，即可在该对话框界面修改该样式的面设置、环境设置及边设置等参数。

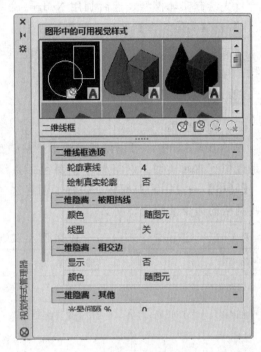

图7-10　【视觉样式管理器】对话框

第三节　创建三维线框及网格模型

一、线框模型

线框模型是使用直线和曲线表示三维模型的棱线或边界，该模型仅由描述对象边界的点、直线和曲线组成，故其没有面和体的特征，不能进行布尔运算等复杂操作，因此在实际建模时较少使用。

创建线框模型的方法主要有两种：

（一）使用直线命令，通过输入三维坐标创建线框模型

直线命令可以是三维多段线，也可以是二维多段线或二维直线。

【实例7-2】　下面以创建一个长400mm、宽300mm、高300mm的长方体线框模型为例，介绍绘制线框模型的方法。

解：（1）将视图设为"西南等轴测"。

（2）在屏幕适当位置绘制矩形，尺寸为400mm×300mm。

（3）利用Copy命令将所绘矩形沿Z轴向下300mm复制长方体的下底面。

资源7.2
绘制长方体
线框模型

（4）用直线命令分别连接两矩形的对应角点即可。

（二）通过提取三维实体模型的边来创建线框模型

通过提取三维实体模型的边，可以方便、快捷地创建出线框模型。

首先绘制实体模型，然后利用 Xedges 命令或单击即可提取线框模型。也可单击【实体】→【实体编辑】面板上的提取边按钮完成线框模型的创建。

【实例 7-3】 利用 Xedges 命令创建一个长 400mm，宽 300mm，高 300mm 的长方体线框模型。

解： 模型创建过程详见资源 7.3。

资源 7.3
利用 Xedges
命令绘制
长方体线
框模型

二、网格模型

在 AutoCAD 中，可以创建多边形网格模型。由于网格面为平面，因此网格模型只是近似于曲面模型。网格模型主要包括直纹网格、平移网格、旋转网格和边界网格。【网格】→【图元】面板上包含了创建这些网格的命令按钮，表 7-1 列出了创建这些网格的命令及使用说明。

表 7-1　　　　　　　　　　创建网格模型命令

网格模型	命令	输入参数	使用说明
直纹网格	Rulesurf	指定两条定义曲线	（1）导线可以是直线，也可以是曲线； （2）两条导线可以共面，也可以异面； （3）等分线段数可以通过 Surftab1 变量进行调整（可在命令行直接输入变量名）
平移网格	Tabsurf	先指定轮廓曲线，再指定方向矢量	（1）用作路径的轮廓曲线可以是直线、圆、圆弧、椭圆、二维多段线、三维多段线或样条曲线； （2）用作方向的对象一般为直线； （3）表示路径和方向矢量的对象必须事先绘制，且二者不能位于同一平面内； （4）平移网格密度可通过 Surftab1 变量进行调整
旋转网格	Rrevsurf	首先选择要旋转的对象；其次选择旋转轴	（1）可以被旋转对象包括直线、圆、圆弧、二维或三维多段线； （2）可以用作旋转轴的对象有直线，开放的二维、三维多段线等； （3）旋转网格密度由 Surftab1（旋转方向上的）和 Surftab2（沿轴方向上的）两个系统变量控制
边界网格	Edgesurf	选择四条邻接边定义三维多边形网格	（1）边界可以是圆弧、直线、多段线、样条曲线和椭圆弧，可以是平面曲线，也可以是空间曲线，但四条边界曲线必须形成闭合环； （2）边界网格密度由 Surftab1 和 Surftab2 两个系统变量控制

【实例 7 - 4】　按要求绘制表 7 - 2 中的网格模型。

表 7 - 2　　　　　　　　　　　创建以下网格模型

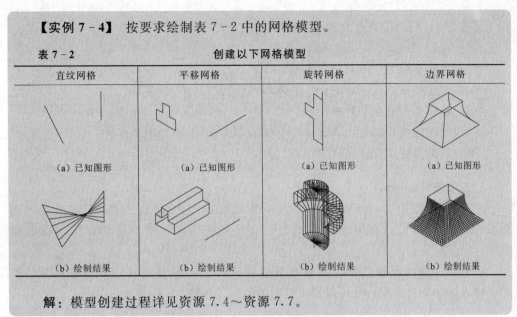

直纹网格	平移网格	旋转网格	边界网格
（a）已知图形	（a）已知图形	（a）已知图形	（a）已知图形
（b）绘制结果	（b）绘制结果	（b）绘制结果	（b）绘制结果

解： 模型创建过程详见资源 7.4～资源 7.7。

资源 7.4
创建直纹
网格模型

资源 7.5
创建平移
网格模型

资源 7.6
创建旋转
网格模型

资源 7.7
创建边界
网格模型

第四节　三维实体模型的创建

一、创建基本实体模型

三维实体模型同时具有线、面、体的特征，可进行布尔运算从而实现复杂模型的创建。三维实体模型可由基本实体命令创建，也可以由二维平面图形生成。下面介绍基本实体的创建。

AutoCAD 能生成长方体、球体、圆柱体、圆锥体、棱锥体、楔形体以及圆环体等基本立体。【常用】→【建模】面板或【实体】→【图元】面板上包含了创建这些立体的命令按钮，表 7 - 3 列出了这些立体的创建命令及操作时要输入的主要参数。

表 7 - 3　　　　　　　　　　　创建基本立体命令

功　能	命　令	输　入　参　数
创建长方体	Box	指定长方体的一个角点，再输入另一角点的相对坐标
创建球体	Sphere	指定球心，输入球半径
创建圆柱体	Cylinder	指定圆柱体底面的中心点，输入圆柱体半径及高度
创建圆锥体或圆台	Cone	指定圆锥体底面的中心点，输入椎体底面半径及椎体高度。指定圆锥体底面的中心点，输入圆台底面半径、顶面半径及圆台高度
创建楔形体	Wedge	指定楔形体的一个角点，再输入另一个对角点的相对坐标
创建圆环体	Torus	指定圆环中心点，输入圆环体半径及圆管半径
创建棱锥体或棱台	Pyramid	指定棱锥体底面边数及中心点，输入锥体底面半径及锥体高度。指定棱台底面边数及中心点，输入棱台底面半径，顶面半径及棱台高度
创建多段体	Polysolid	该命令可创建具有一定高度和宽度矩形轮廓的实体，也可以将现有直线、二维多段线、圆弧或圆转换为具有矩形轮廓的实体，类似建筑墙体

【实例 7 - 5】 按要求绘制以下三维模型。

(1) 绘制 30mm×30mm×30mm 的立方体。

(2) 绘制半径为 30mm 的实心球体。

(3) 绘制底面半径为 30mm，高为 50mm 的圆柱体。

(4) 绘制半径（指圆环中半径）为 40mm，圆管半径为 10mm 的圆环体。

(5) 绘制底面长×宽为 30mm×40mm，高 50mm 的楔形体。

解：模型创建过程详见资源 7.8。

二、面域（Region）

在 CAD 绘图中有一种对象叫做面域（Region），它无法直接绘制，必须通过选择图中的图形生成，和填充有些类似。面域是一个面，而不是像直线、圆这样的线。

在默认二维线框模式下，面域跟普通的线看上去没什么区别，但进入着色模式（输入 Shade 命令）后就可以看出他们的区别，如图 7 - 11 所示。

（a）二维线框模式 　　　　　　　　　　　（b）着色模式

图 7 - 11　二维线框模式与着色模式显示的图线与面域对比图

在三维建模时可使用拉伸（Extrude）、扫掠（Sweep）、放样（Loft）等命令使面域形成三维实体模型。封闭的多段线也可以作为上述命令的截面，但多段线无法做出嵌套的截面来，而面域是可以利用三维编辑中的布尔运算进行差集、并集、交集计算的，例如形成一个中空的图形，就只能用面域来做了。先用直线或多段线画好内外轮廓，然后一起框选形成面域，最后用布尔运算将里面的面域减掉，如图 7 - 12 所示。

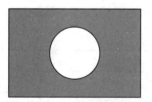

图 7 - 12　通过布尔运算
形成中空的图形

利用边界（Boundary）命令，可将生成对象类型设置成面域，如图 7 - 13 中的图形，只需在多边形和圆之间拾取点，就可以自动生成两个面域。使用边界命令的好处是会忽略封闭区域外的交叉或自相交部分，同时还可以忽略细小的缺口。【边界创建】的对话框如图 7 - 14 所示。

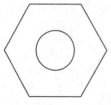  

（a）绘制二维线框　　　　　　（b）形成两个面域　　　　　　（c）利用差集形成中空面域

图 7 - 13　利用 Boundary 命令形成中空面域

三、几种由平面图形创建三维实体的方法

AutoCAD 提供了四种将平面封闭多段线（或面域）图形作为截面，通过拉伸、旋转、扫掠、放样等方式创建三维实体的方法。在【常用】→【建模】→【拉伸】列表中可以找到这些命令的按钮。

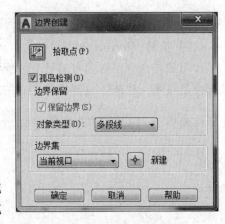

图 7-14 【边界创建】对话框

（一）拉伸（Extrude）

使用 Extrude 命令可以拉伸选定的对象，创建实体和曲面。如果拉伸对象闭合，则生成的对象为实体；如果拉伸对象不闭合，则生成的对象为平面或曲面。

调用拉伸命令的方法如下：

```
命令行:Ext(Extrude)↙
```

该命令中各选项的含义详见资源7.9。

注意：以指定的路径或指定的高度值和倾斜角度拉伸选定的对象来创建实体。倾斜角度的值可为−90°～90°之间的任何角度值，若输入正的角度值，则从基准对象逐渐变细地拉伸，若输入的为负的角度值，则从基准对象逐渐变粗地拉伸。角度为 0，表示在拉伸对象时，对象的粗细不发生变化，而且是在其所在平面垂直的方向上进行拉伸。当用户为对象指定的倾斜角和拉伸高度值很大时，将导致对象或对象的一部分在到达拉伸高度之前就已经汇聚到一点。

【实例 7-6】 利用拉伸命令创建如图 7-15 所示的实体模型。

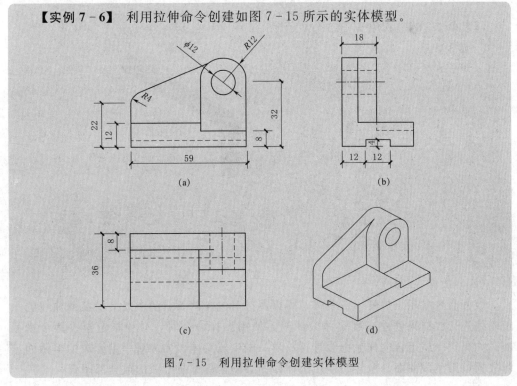

图 7-15 利用拉伸命令创建实体模型

资源 7.9
利用拉伸命令创建实体

解：模型创建过程详见资源 7.9。

（二）旋转（Revolve）

使用旋转命令可以通过旋转开放或闭合对象来创建实体或曲面。旋转的对象和路径可以是直线、曲线，也可以是二者的组合。

资源 7.10
利用旋转
命令创建
实体

【实例 7-7】 利用旋转命令创建空心圆柱体模型（图 7-16）。

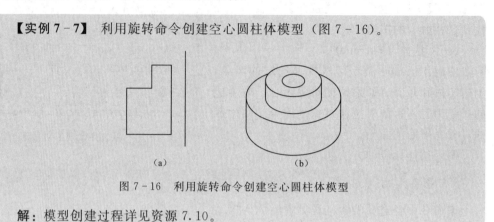

（a） （b）

图 7-16 利用旋转命令创建空心圆柱体模型

解：模型创建过程详见资源 7.10。

（三）扫掠（Sweep）

使用扫掠命令，可以通过沿开放或闭合的二维或三维路径扫掠开放或闭合的平面曲线（轮廓）来创建新实体或曲面。可以扫掠多个对象，但是这些对象必须位于同一平面内。

资源 7.11
利用扫掠
命令创建
实体

【实例 7-8】 利用 Sweep 命令绘制图 7-17 中的烟囱模型。

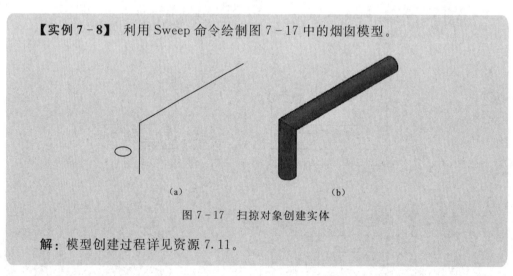

（a） （b）

图 7-17 扫掠对象创建实体

解：模型创建过程详见资源 7.11。

（四）放样（Loft）

放样命令常用于放样生成实体，可以通过对包含两条或两条以上横截面曲线的一组曲线进行放样来创建三维实体或曲面。使用放样命令时，必须指定至少两个横截面。如果对一组闭合的横截面线进行放样，则生成实体。如果对一组开放的横截面进行放样，则生成曲面。放样时使用的横截面必须全部都是开放的或全部闭合。

【实例 7 - 9】 利用放样命令生成图 7 - 18 中的图形。

图 7 - 18 利用放样命令创建的实体

解：模型创建过程详见资源 7.12。

资源 7.12
利用放样
命令创建
实体

四、布尔运算

在 AutoCAD 中，三维实体或面域通过并集、差集、交集等布尔运算，可创建复杂的组合体或面域。

（一）并集（Union）

使用并集命令，可以合并两个选定的面域或实体。

（二）差集（Subtract）

使用差集命令，可以从一组实体或面域中删除另一组实体或面域的公共区域。

（三）交集（Intersect）

使用交集命令，可以从两个或两个以上重叠实体或面域的公共部分创建实体。

【实例 7 - 10】 利用布尔运算创建表 7 - 4 中各实体模型。

表 7 - 4 利用布尔运算创建实体模型

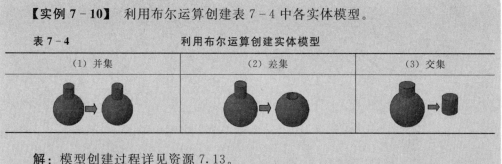

（1）并集	（2）差集	（3）交集

解：模型创建过程详见资源 7.13。

资源 7.13
利用布尔
运算创建
实体

五、剖切三维实体并创建剖面图

在 AutoCAD 中，利用剖切（Slice）命令可剖切三维实体，从而创建出较复杂模型。同时还可通过创建截面平面（Sectionplane）命令生成三维实体的剖面图。

（一）剖切（Slice）

剖切命令的主要功能是指定平面剖切实体。剖切面沿着指定的轴、平面或三点确定的平面将实体切开，用户可以保留两个，也可以只保留一个，如图 7 - 19 所示。

（a）未剖切的实体　　　　　　　（b）保留两侧实体　　　　　　　（c）保留一侧实体

图7-19　剖切实体图例

（二）截面平面（Sectionplane）

截面平面命令可创建截面对象，可通过该截面查看三维模型的内部构造。选择【常用】→【截面】→【截面平面】按钮可以激活该命令。

资源7.14
剖面图的
生成（1）

资源7.15
剖面图的
生成（2）

【**实例7-11**】　创建图7-20所示三维模型，并由三维模型生成1—1剖面图。

图7-20　剖面图生成实例

解： 具体操作详见资源7.14和资源7.15。

六、由三维实体模型生成二维平面图形及三维线框模型

创建好三维实体模型后，用户可以将其转换生成二维平面图形。利用【常用】→【建模】→【实体视图】、【实体图形】、【实体轮廓】命令可实现这一功能，各命令选项功能要点说明如下：

（1）【实体视图】（Solview）：利用正投影法，由三维实体创建多面视图和截面视图。

（2）【实体图形】（Soldraw）：对截面视图生成二维轮廓并进行图案填充。

（3）【实体轮廓】（Soldprof）：创建三维实体图像的轮廓。

【实例7-12】　利用实体轮廓（Soldprof）命令创建三视图及其三维线框模型。

解：根据［实例7-6］中创建的实体模型，利用实体轮廓命令生成三视图及三维线框模型，并完成尺寸标注，如图7-15所示。创建过程详见资源7.16。

资源7.16
由三维模型
生成三视图

第八章

工程图纸绘制

第一节　工程设计基础知识

一、工程设计概述

土木类建筑物按照使用功能可以划分为民用建筑、工业建筑及农业建筑；水利工程中为了满足防洪要求，获得灌溉、发电、供水等方面效益，在河流的适宜地段修建不同类型建筑物，用来控制和分配水流，这些建筑物统称为水工建筑物。建筑物的工程建设首先须经过规划和设计两个阶段，并将设计成果绘制成符合国家标准的施工图，方可进行下一步施工建设。

土木类工程设计主要包括建筑设计、结构设计、建筑给排水设计、电气设计、暖通空调设计等，其中建筑设计又可划分为建筑方案设计和建筑施工图设计两个过程。结构设计的主要工作为确定建筑物构件（板、梁、柱）的材质、尺寸、配筋等。建筑给排水设计、电气设计及暖通空调设计又称为设备设计，主要确定建筑物的给水排水设备、电气照明设备、采暖通风空调设备等。建筑施工图主要包括总平面图、建筑平面图、建筑立面图、建筑剖面图和建筑详图；结构施工图主要包括基础图、楼层结构平面布置图及构建详图；设备施工图主要包括各种设备的平面布置图、系统图和详图。

与其他工程设计相比，水利工程设计具有多样性，包括设计学科多、内容广泛、计算工程量大且工程重复性差，这使得工程制图难度较大。每一个水利工程设计几乎都需要水文水能、工程地质、水工建筑物、机电、金属结构、水土保持、环境保护、施工组织、工程概预算等专业的配合，即使在水工专业内部也需要结构、坝工（土石坝、重力坝、拱坝等）和水道（溢洪道等）等专业的合作。水利工程涉及的各专业在不同设计阶段工作内容侧重点有所不同：前期规划和可行性研究阶段重点为全局考虑、方案比较及择优和工程总体布置，设计计算和图纸可粗略一些，本阶段图纸主要包括工程总体平面布置图，不同比较方案的水工建筑物总体布置和典型平面图、立面图、剖面图等；初步设计、招标和施工阶段属后期设计阶段，重点为稳定、应力和配筋计算，绘制施工详图，计算工程量，绘制材料明细表及编制概预算等，本阶段水工建筑物专业图纸主要包括工程总体平面布置图，推荐方案水工建筑物总体布置和详细的平面图、立面图、剖面图，及重要部分大样图、配筋详图、开挖图等。

二、工程制图标准

工程制图应满足现行的《总图制图标准》（GB/T 50103—2010）、《建筑制图标准》（GB/T 50104—2010）、《房屋建筑制图统一标准》（GB/T 50001—2017）、《建筑结构制图标准》（GB/T 50105—2010）、《建筑给水排水制图标准》（GB/T 50106—2010）及《水利水电工程制图标准 基础制图》（SL 73.1—2013）等一系列制图标准的要求，达到图面清晰、简明，符合设计、施工、存档的要求。

工程图纸一般按专业顺序进行编排，首先所有专业图纸一般应包含图纸目录及设计说明，然后按照一定顺序编排装订。以土木类工程施工图纸为例，图纸编排顺序依次为总图、建筑施工图、结构施工图、建筑给排水施工图、暖通施工图及电气施工图。每个专业施工图按图纸表达内容的主次关系进行排序。例如：结构施工图按顺序依次为图纸目录、结构设计总说明、基础布置图、基础大样图、柱配筋图、首层梁板配筋图、标准层梁板配筋图、顶层梁板配筋图和楼梯配筋详图等。

CAD 工程制图的基本要求主要包含图纸幅面和规格、比例、图线和字体等内容。受篇幅所限，本书附录 A 列出了建筑用图纸基本要求，其他专业用图纸参考相应制图规范或标准。

第二节 绘 制 工 程 图 形

一、绘制建筑施工图
（一）绘制建筑平面图

【实例 8-1】 绘制如图 8-1 所示建筑平面图。

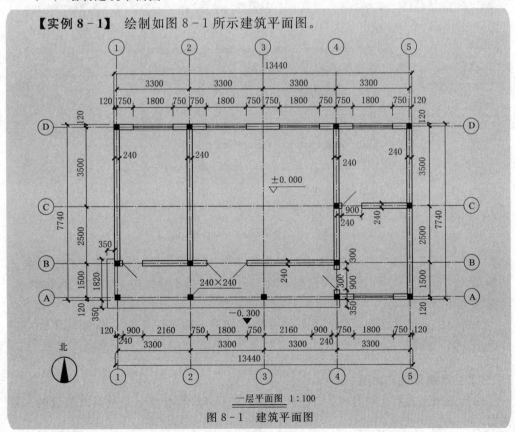

一层平面图 1:100

图 8-1 建筑平面图

解: (1) 将中心线层设为当前层,利用直线命令和偏移命令绘制出各轴线,如图 8-2 (a) 所示,可用格式修改线型比例。

(2) 将粗实线层设为当前层,首先利用多线命令设置"240墙",采用"无"(即"Z")对齐方式,将比例设为1,分别按顺时针方向,依次捕捉点 a 至点 f 绘制出闭合的外墙线;再利用所设"240墙"绘制出各道内墙线;然后利用修改多线编辑命令(Mledit),采用"角点结合"工具,对边角进行编辑,以及"T形合并"和"十字打开"工具,对接头处进行编辑,如图 8-2 (b) 所示。

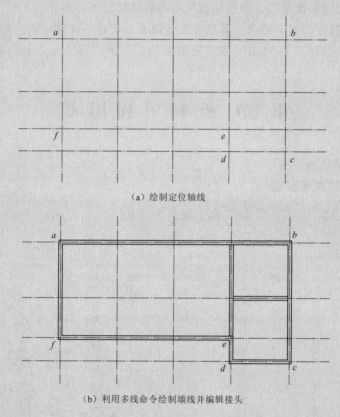

(a) 绘制定位轴线

(b) 利用多线命令绘制墙线并编辑接头

图 8-2 平面图的绘制步骤

(3) 利用分解(Explode)命令,将各条多线分解,修剪出窗洞和门洞,再参照《〈AutoCAD 与 Revit 工程应用教程〉上机实验指导》图 4-1 的绘图步骤,完成全部图形绘制。

(4) 进行尺寸标注,为图形加注文字,完成平面图的绘制,得到如图 8-1 所示建筑平面图。

(二)绘制建筑立面图

建筑立面图主要反映房屋各部位的高度、外貌和装修要求,是建筑外装修的主要依据。

【**实例 8-2**】 图 8-3 为某建筑的北立面图，下面简要介绍其绘制步骤。

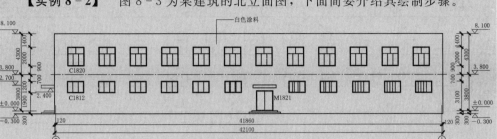

图 8-3 北立面图

解：（1）将轴线层作为当前层，绘制 7 轴线和 1 轴线。将墙体层设为当前层，按图 8-3 中的尺寸绘制长 42100mm、宽 8400mm 的矩形。

（2）将 0 层作为当前层，按图 8-4 绘制 C1820、C1812、M1821，利用 Block 命令将三者创建为图块。

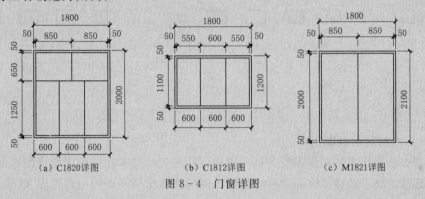

（a）C1820 详图　　　　（b）C1812 详图　　　　（c）M1821 详图

图 8-4 门窗详图

（3）利用插入（Insert）命令将 C1820 及 C1812 插入到图 8-3 中，如图 8-5 所示。利用阵列（Array）命令，按 1 行 12 列（行偏移 0，列偏移 3400）生成两排窗户，如图 8-6 所示，并将第一层左数第七个窗户删除。

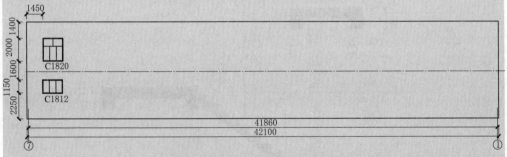

图 8-5 插入窗 C1820 及窗 C1812

（4）在对应位置按图 8-3 所示绘制台阶、雨篷，并插入 M1821，最后绘制地坪线，完成北立面图主要图形的绘制，如图 8-7 所示。

（5）为图形标注尺寸及标高，书写图名及绘图比例，完成北立面图的绘制。

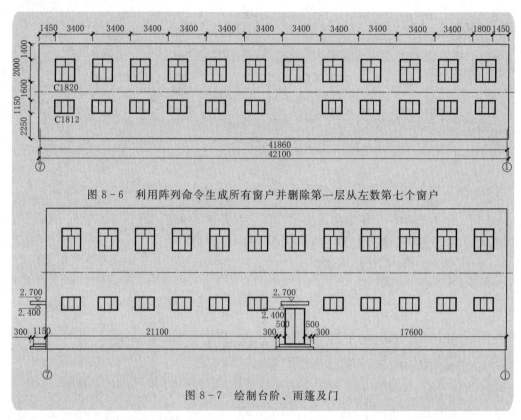

图 8-6　利用阵列命令生成所有窗户并删除第一层从左数第七个窗户

图 8-7　绘制台阶、雨篷及门

（三）绘制建筑剖面图

这里以绘制楼梯结构剖面图为例。楼梯剖面图表示楼梯间各承重构件的竖向布置、构造和连接情况。楼梯结构剖面图的绘图比例与楼梯结构平面图一致。图 8-8 为某建筑物楼梯剖面图，下面介绍其绘图过程。这里只介绍楼梯梯段、休息平台的绘制。

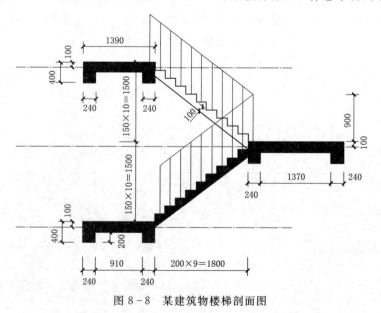

图 8-8　某建筑物楼梯剖面图

（1）创建楼梯层，按尺寸绘制楼梯平台、楼梯梁等构件，如图8-9（a）所示。

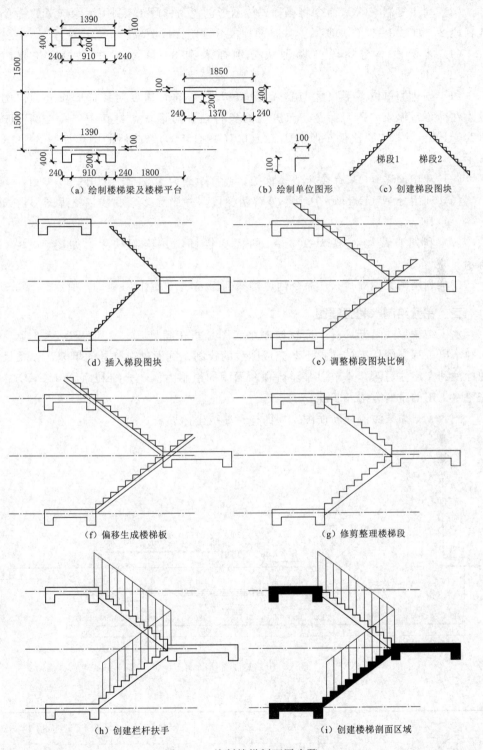

（a）绘制楼梯梁及楼梯平台　　　　（b）绘制单位图形　　　　（c）创建梯段图块

（d）插入梯段图块　　　　　　　　（e）调整梯段图块比例

（f）偏移生成楼梯板　　　　　　　（g）修剪整理楼梯段

（h）创建栏杆扶手　　　　　　　　（i）创建楼梯剖面区域

图8-9　绘制楼梯剖面图步骤

（2）绘制踏面及踢面均为 100mm 的楼梯的单位图形，如图 8-9（b）所示。

（3）利用复制（Co）命令将楼梯单位图形创建为梯段 1，利用镜像（Mi）命令生成梯段 2，如图 8-9（c）所示，并将两梯段分别定义成图块。

（4）将梯段 1 与梯段 2 两图块分别插入到 8-9（a）中的相应位置，如图 8-9（d）所示。

由于创建的单位图形尺寸与实际楼梯段尺寸不符，需要对楼梯图块进行比例缩放。在命令行输入"Pr"命令，打开【对象特性】对话框，将其中"X 比例"改为 2(200/100＝2)，"Y 比例"改为 1.5(150/100＝1.5)。修改后的图形如图 8-9（e）所示。

（5）利用偏移（O）命令生成楼梯板，偏移距离为 100，结果如图 8-9（f）。

（6）利用分解（Explode）命令分解两梯段，并删除多余图线，整理图形，如图 8-9（g）所示。

（7）利用直线绘制高为 900mm 的楼梯栏杆，并绘制扶手，如图 8-9（h）所示。

（8）利用图案填充（H）命令创建楼梯剖面区域，如图 8-9（i）所示。

二、完整绘制水利工程图

水工结构形式复杂多样，完整绘制水工图是指在满足 SL 73.1～SL 73.6 等现行水利水电工程制图标准的前提下，完成图线的绘制，剖面材料符号的填充，以及尺寸的标注和文字注写等。本节以某溢流坝断面图的绘制为例，介绍利用 AutoCAD 绘制完整水工图的主要方法及步骤。

图 8-10 为某溢流坝断面图，坝面样条曲线坐标见表 8-1。

资源 8.1
完整绘制
水利工程图

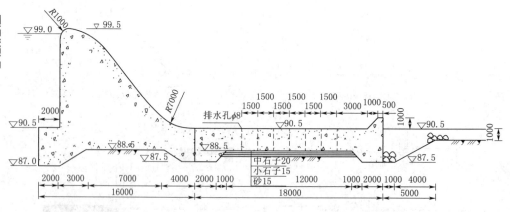

图 8-10　某溢流坝断面图

表 8-1		坝面样条曲线坐标							单位：m	
	X	1	2.75	3.5	4.75	5.75	6.5	7.2	8.0	9.0
	Y	0	0.5	1.0	2.0	3.0	4.0	5.0	6.0	7.0

（一）基本绘图环境设置

启用对象捕捉功能，并设定端点、交点、切点等对象捕捉模式，激活状态行中的"正交限制光标"。

（二）绘制图线

1. 以粗实线层为当前层绘制轮廓线

断面轮廓线除溢流坝面部分为曲线外均为直线，直线的绘制较简单，在这里不作详细介绍，重点介绍坝面曲线的绘制方法和过程。

假定断面的直线部分已绘制完成，如图 8-11（a）所示，其中直线 AB 的长度为9000mm，直线 AC 是为绘制小圆弧而作的辅助切线。绘制小圆弧的方法是采用"相切，相切，半径"的方式绘制圆，两条切线分别为 AB 和 AC，半径为 1000mm。利用修剪命令，以两条切线为剪切边，修剪掉不需要的圆弧段，再利用修剪和删除命令，得到图 8-11（b）。

为方便绘制坝面样条曲线，利用"UCS"命令移动坐标轴原点到点 A，并将 Y 轴绕 X 轴旋转 180°。由于样条曲线命令需要指定端点的切向，样条曲线终点和坝面大圆弧的起点公切，所以需要先绘制大圆弧。坝面大圆弧的绘制方法比较简单，根据已知条件，可采用"起点，端点，半径"的方式，以点 D 为起点，以样条曲线末端坐标（9000，7000）为端点，半径为 7000mm 绘制圆弧，如图 8-11（c）所示。

调用绘制样条曲线的命令，根据命令行的提示输入曲线坐标值后得到图 8-11（d）。

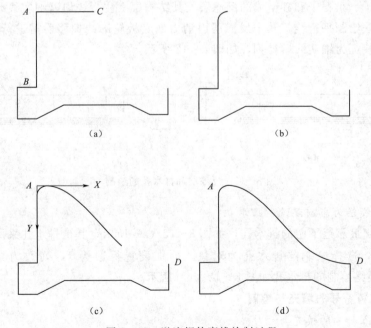

图 8-11　溢流坝轮廓线绘制过程

以下为绘制样条曲线命令的执行过程：

命令：Spline✓
指定第一个点或［方式(M)/节点(K)/对象(O)］：M✓
输入样条曲线创建方式［拟合(F)/控制点(CV)］＜拟合＞：✓
当前设置：方式＝拟合 节点＝弦
指定第一个点或［方式(M)/节点(K)/对象(O)］：1000,0✓
输入下一个点或［起点切向(T)/公差(L)］：2750,500✓
输入下一个点或［端点相切(T)/公差(L)/放弃(U)］：3500,1000✓
输入下一个点或［端点相切(T)/公差(L)/放弃(U)/闭合(C)］：4750,2000✓
输入下一个点或［端点相切(T)/公差(L)/放弃(U)/闭合(C)］：5750,3000✓
输入下一个点或［端点相切(T)/公差(L)/放弃(U)/闭合(C)］：6500,4000✓
输入下一个点或［端点相切(T)/公差(L)/放弃(U)/闭合(C)］：7200,5000✓
输入下一个点或［端点相切(T)/公差(L)/放弃(U)/闭合(C)］：8000,6000✓
输入下一个点或［端点相切(T)/公差(L)/放弃(U)/闭合(C)］：9000,7000✓
输入下一个点或［端点相切(T)/公差(L)/放弃(U)/闭合(C)］：t✓
指定端点切向：(指定样条曲线终点的切向)

样条曲线命令执行完成后需要重新指定该曲线的起点切向。方法是选择已绘制好的样条曲线，利用夹点操作修改样条曲线起点的切向。

绘制以上样条曲线的另一种方法是先在文本编辑器里面编辑好曲线坐标值，在激活样条曲线命令后，当命令行提示指定第一点时将编辑器里的各坐标值整体拷贝到AutoCAD的命令行。

2. 以细实线层为当前层绘制反滤层

由中石子、小石子和砂组成的反滤层及其结构层次注写线均以细实线绘制，并采用偏移的方法绘制平行线，其中反滤层由消力池底板轮廓线偏移后需进行延伸操作，并修改线型特征为细实线后得到，如图 8-12 所示。

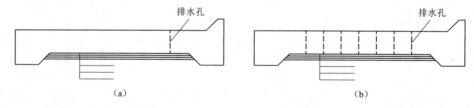

图 8-12　反滤层和排水孔的绘制

3. 以虚线层为当前层绘制排水孔

首先绘制最靠近下游的排水孔，如图 8-12（a）所示，其他排水孔采用矩形阵列的方法得到，选择绘制的排水孔为对象，分别设置行数为 1，列数为 7，间距为1500mm，最终绘制的排水孔如图 8-12（b）所示。

（三）材料符号的填充与绘制

1. 混凝土符号的填充

溢流坝和消力池均为混凝土材料，填充前可利用偏移命令将轮廓线向内偏移一段距离，再利用倒角距离为 0 的倒角命令实现快速修剪，得到图 8-13 所示图形。将图案填充层置为当前层，利用图案填充命令，选择"AR-CONC"图案进行填充，填充结果如图8-13所示，在填充完成以后将内侧偏移得到的轮廓线删除后即为最终的填充结果，如图8-14所示。

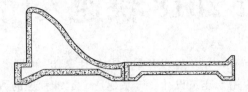 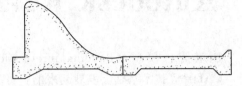

图8-13 填充边界和混凝土填充符号的绘制　　图8-14 混凝土符号填充结果

2. 浆砌石符号的绘制

AutoCAD中没有预定义浆砌石符号，所以在表示海漫部分浆砌石符号时需要重新绘制。砌石符号可以采用样条曲线的命令绘制后进行多重拷贝得到，砌石之间可采用实体填充"Solid"命令进行填充。

3. 天然土壤符号的绘制

AutoCAD中同样没有预定义天然土壤符号，可采用直线、样条曲线及实体填充命令绘制天然土壤符号。

（四）尺寸及高程标注

按照图纸要求进行标注样式的设置，并将尺寸标注层置为当前层，然后对主要尺寸进行标注，其中高程可采用带属性的图块。

（五）文字注写

将文字标注层置为当前层进行文字的注写。

第九章

Autodesk Revit 2018 快速入门

建筑信息模型（building information modeling，BIM）是在计算机辅助设计（CAD）等技术基础上发展起来的，可应用于建筑设计、施工建造、运维管理的数字化多维模型信息集成技术。通过建立建筑物的数据化、信息化三维模型，从而实现建筑全生命周期的信息共享和传递。BIM 技术可为建筑业各方提供协同工作环境，并在提高工作效率、节省资源、降低成本、缩短工期等方面发挥重要作用。随着人类科技信息化和智能化的日益普及，BIM 技术的应用前景已经得到全球建筑业的广泛认可。Revit 是 Autodesk 公司旗下一款专门为服务建筑信息模型（BIM）而构建的软件，它支持建筑信息模型（BIM）所需的设计、图纸和明细表。Revit 自 2004 年进入中国以来，已成为最流行、使用频率最高的 BIM 软件，越来越多的设计企业、工程公司使用 Revit 完成三维设计工作和 BIM 模型创建工作。

第一节　Revit 2018 概述

一、Revit 特性

Revit 构建的模型是建筑设计的虚拟版本，此模型不仅描述了模型图元的几何图形，还捕捉了设计意图和模型图元之间的逻辑关系。在 Revit 模型中，所有的图纸、二维视图和三维视图以及明细表都是同一个虚拟建筑模型的信息表现形式。对建筑模型进行操作时，Revit 会收集有关建筑项目的信息，并在项目的其他所有表现形式中进行协调。

Revit 参数化修改引擎可自动协调在任何位置（模型视图、图纸、明细表、剖面和平面中）进行的修改。可以将二维模型视图（平面、剖面、立面等）视作三维模型的切面。对一个视图所做的更改将立即在模型的所有其他视图中可见，从而使视图始终保持同步。

二、常用术语

（一）项目

在 Revit 中，可以简单地将项目理解为 Revit 的默认存档格式文件。该文件中包含了工程中所有的模型信息和其他工程信息，如材质、尺寸、数量等，还可以包括设计中生成的各种图纸和视图，项目以".rvt"的数据格式保存。注意".rvt"的格式项目文件无法使用低版本 Revit 打开，但可以被更高版本 Revit 打开。例如使用 Revit 2017 创建的项目数据无法在 Revit 2016 中或更低的版本中打开，但可以使用 Revit 2018 打开或编辑。

（二）类别

Revit 对模型中的轴网、墙、尺寸标注、文字注释等对象以类别进行自动归类和管理。例如，模型类别包括墙、柱、楼梯等，注释类别包括尺寸标记、参照平面、门窗标记等，导入的类别包括导入的 CAD 图纸等。

（三）族

Revit 项目是由墙、门窗、楼板、楼梯等一系列基本对象组成的，这些基本的零件称为图元。除三维图元外，包括文字、尺寸标注等单个对象也称为图元。

族是 Revit 项目的基础，Revit 的任何单一图元都由某一特定族产生。例如一扇门、一面墙、一个尺寸标注、一个图框等由一个族产生，各个图元均具有相似的属性或参数。对于一个平开门族，由该族产生的图元均含有高度、宽度等参数。但具体到每个门的高度、宽度值可以不同，这些由该族的类型或实例参数定义决定。

Revit 中有 3 种不同类型的族：系统族、可载入族和内建族。第十二章将会深入、全面地讲解族的概念、功能和如何建族。

（四）视图

视图指从特定的视点（例如模型的楼层平面或剖面）显示模型。所有视图都是实时的，在某个视图中对一个对象所做的修改将立即同步到模型的其他视图中，从而保持所有的视图同步。视图还会确定模型图元所处的位置，例如，屋顶平面视图确定了放置屋顶的工作平面，从而将其定位到正确的高度。

三、图元

（一）分类

Revit 在项目中使用 3 种类型的图元：模型图元、基准图元和视图专有图元。图元也称为族。族包含图元的几何定义和图元所使用的参数。图元的每个实例都由族定义和控制，如图 9-1 所示。

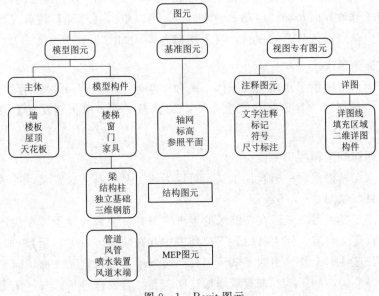

图 9-1　Revit 图元

（二）图元属性

放置在图纸中的每个图元都是某个族类型的一个实例。图元属性包括两类，分别是控制其外观和行为的属性：类型属性和实例属性。

1. 类型属性

同一族类型属性由一个族中的所有图元共用，而且特定族类型的所有实例的每个属性都具有相同的值。

例如，属于"桌"族的所有图元都具有"宽度"属性，但是该属性的值因族类型而异。因此，"桌"族内 60 英寸×30 英寸（1525mm×762mm）族类型的所有实例的"宽度"值都为 60 英寸（1525mm），72 英寸×36 英寸（1830mm×915mm）族类型的所有实例的"宽度"值都为 72 英寸（1830mm）。

修改类型属性的值会影响该族类型当前和将来的所有实例。

2. 实例属性

一组共用的实例属性还适用于属于特定族类型的所有图元，但是这些属性的值可能会因图元在建筑或项目中的位置而异。

例如，窗的尺寸标注是类型属性，但其在标高处的高程则是实例属性。同样，梁的横剖面尺寸标注是类型属性，而梁的长度是实例属性。

修改实例属性的值将只影响选择集内的图元或者将要放置的图元。例如，如果选择一个梁，并且在"属性"选项板上修改它的某个实例属性值，则只有该梁受到影响。如果选择一个"放置梁"的工具，并且修改该梁的某个实例属性值，则新值将应用于用该工具放置的所有梁。

第二节　用　户　界　面

Revit 使用了 Ribbon 界面，包括了处理模型所需的全部工具，并且用户可以根据自己的需求修改界面布局。启动 Revit 2018，可以单击【打开】或者【新建】一个项目，也可以单击最近打开的项目，进入用户界面，如图 9-2 所示。

一、文件选项卡

文件选项卡上提供了常用文件操作，例如"新建""打开"和"保存"。还可以使用更高级的工具（如"导出"和"发布"）来管理文件。单击【文件】选项卡，如图 9-3 所示。

二、快速访问工具栏

快速访问工具栏包含一组默认工具，可以对该工具栏进行自定义，使其显示最常用的一组工具，如图 9-4 所示。

快速访问工具栏可以显示在功能区的上方或下方。要修改设置，在快速访问工具栏上单击【自定义快速访问工具栏】下拉列表中【在功能区下方显示】，如图 9-5 所示。如果从快速访问工具栏删除了默认工具，可以单击【自定义快速访问工具栏】下拉列表并选择要添加的工具，来重新添加这些工具。若要进一步修改，在快速访问工

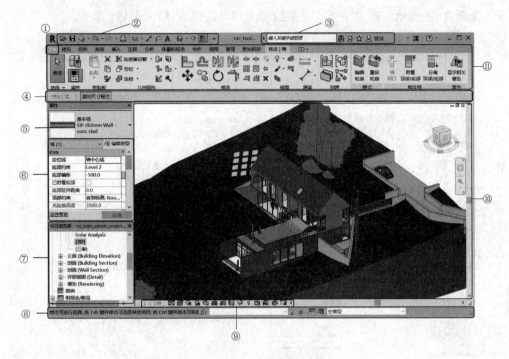

图 9-2 Revit 2018 界面

①—文件选项卡；②—快速访问工具栏；③—信息中心；④—选项栏；⑤—类型选择器；⑥—属性选项板；
⑦—项目浏览器；⑧—状态栏；⑨—视图控制栏；⑩—绘图区域；⑪—功能区

具栏下拉列表中，单击【自定义快速访问工具栏】，在【自定义快速访问工具栏】对话框中进行编辑，如图 9-6 所示。使用该对话框，可以重新排列快速访问工具栏中的工具显示顺序，并根据需要添加分割线。

三、功能区

创建或打开文件时，功能区会显示，它提供创建项目或族所需的全部工具。调整窗口的大小时，功能区中的工具会根据可用的空间自动调整大小。该功能使所有按钮在大多数屏幕尺寸下可见，如图 9-7 所示。

（一）上下文功能区选项卡

使用某些工具或者选择图元时，上下文功能区选项卡中会显示与该工具或图元的上下文相关的工具。退出该工具或清除选择时，该选项卡将关闭。例如，单击【建筑】选项卡→【构建】面板→【墙】，或者选中项目中的墙，会显示浅色填充的【修改|墙】上下文选项

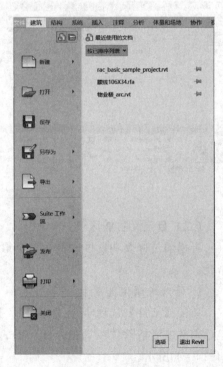

图 9-3 【文件】选项卡

165

卡，如图 9-8 所示。退出上下文功能选项卡可单击键盘【Esc】键。

图 9-4　快速访问工具栏

图 9-5　【自定义快速访问工具栏】下拉列表　　图 9-6　【自定义快速访问工具栏】对话框

图 9-7　Revit 2018 功能区

图 9-8　【修改│墙】上下文选项卡

（二）自定义功能区

可以通过修改功能区的显示以及重新排列其选项卡和面板来满足自定义功能区的需要。

1. 修改或删除选项卡

单击【文件】选项卡→【选项】，打开【选项】对话框，在【用户界面】选项卡上，勾选或者清除"工具和分析"下的复选框以便从功能区中显示或者隐藏选项卡，如图 9-9 所示。

按住【Ctrl】键可以将选项卡标签拖动到功能区上的所需位置。

图 9-9 【选项】对话框

2. 移动功能面板

通过拖拽可以将功能面板标签拖拽到功能区上或者绘图区域，也可以将一个面板拖拽到另一个面板上。若想撤销移动，可以将光标移到面板上，待右上角显示控制柄时，单击【将面板返回到功能区】，如图 9-10 所示。

图 9-10 移动功能面板

3. 功能区最小化显示方式

单击功能区选项卡右侧的向下箭头并选择所需的行为："最小化为选项卡""最小化为面板标题""最小化为面板按钮"或"循环浏览所有项",如图 9-11所示。

四、绘图区域

绘图区域显示当前项目的视图(以及图纸和明细表)。每次打开项目中的某一视图时,此视图会显示在绘图区域中其他打开的视图的上面。其他视图仍处于打开的状态,但是这些视图在当前视图的下面。

单击【视图】选项卡→【窗口】面板→【层叠】，视图将层叠显示,如图 9-12 所示。

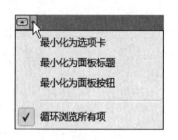

图 9-11　功能区最小化
显示方式

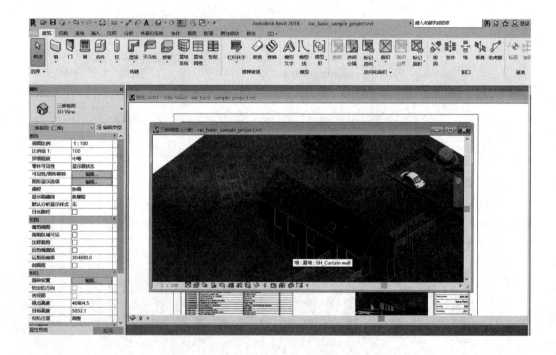

图 9-12　层叠视图显示

单击【视图】选项卡→【窗口】面板→【平铺】，视图将平铺显示,如图 9-13所示。

若在绘图区域中显示另一个已打开(但隐藏)的视图,依次单击【视图】选项卡→【窗口】面板→【切换窗口】下拉列表,然后单击要显示的视图,如图 9-14所示。

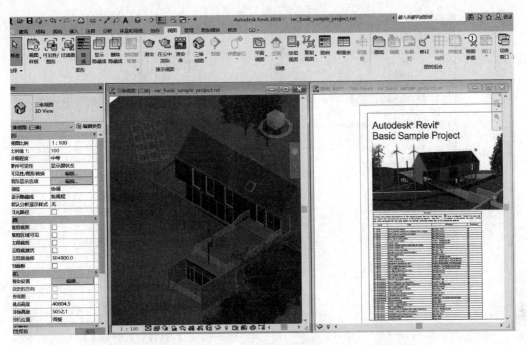

图 9 - 13 平铺视图显示

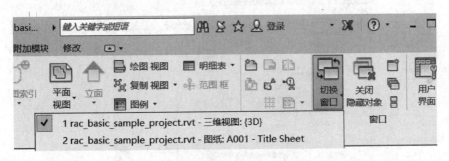

图 9 - 14 切换已打开的视图窗口

五、项目浏览器

项目浏览器用于显示当前项目中所有视图、明细表、图纸、族和其他部分的逻辑层次。展开和折叠各分支时，将显示下一层项目，如图 9 - 15 所示。若要打开【项目浏览器】，单击【视图】选项卡→【窗口】面板→【用户界面】下拉列表【项目浏览器】，如图 9 - 16 所示，或在应用程序窗口中的任意位置单击鼠标右键，然后单击【浏览器】→【项目浏览器】。

在项目浏览器中，双击视图名称，可打开该视图。右键单击视图名称，在菜单中单击【复制视图】、【删除】或【重命名】等选项，对视图进行修改，如图 9 - 17 所示。

六、视图控制栏

视图控制栏可以快速访问影响当前视图的功能，视图控制栏位于视图窗口底部，状态栏的上方，如图 9 - 18 所示。

图 9-15　项目浏览器　　　　　　　图 9-16　打开【项目浏览器】

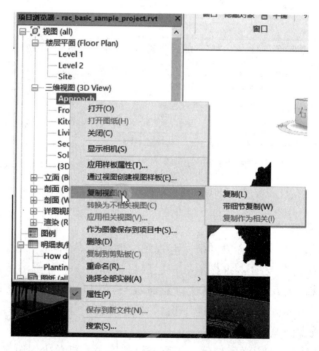

图 9-17　打开、编辑视图

图 9-18　视图控制栏

视图控制栏包含的工具及其功能见表9-1。

表9-1
视图控制栏工具及其功能

符　号	名　称	功　　能
1∶100	比例	视图比例是用于表示图纸中对象的比例系统，可为项目中的每个视图指定不同比例，也可以创建自定义视图比例
	详细程度	可选择"粗略""中等"或"精细"作为当前视图的详细程度
	视觉样式	包括"隐藏线""着色""真实"和"光线追踪"等样式，也可以单击【图形显示选项】，进行视觉样式设置
	打开/关闭日光路径	可以逐个视图控制日光路径和阴影的可见性。在一个视图中打开或关闭日光路径或阴影时，其他任何视图都不受影响。在研究日光和阴影对建筑和场地的影响时，为了获得最佳的结果，可以打开三维视图中的日光路径和阴影显示
	打开/关闭阴影	
	临时隐藏/隔离	查看或编辑视图中特定类别的少数几个图元
	显示隐藏的图元	临时查看隐藏图元或将其取消隐藏，显示彩色边框

第三节　文　件　管　理

Revit 2018 中，模型文件管理方法有多种，这里只介绍文件的创建、打开和保存等操作。

一、创建项目

在 Revit 2018 中，创建新的项目，使用下列方法：

（1）单击【文件】选项卡→【新建】→【项目】。

（2）在【最近使用的文件】窗口中的【项目】下，单击【新建】或所需样板的名称。

（3）使用快捷键【Ctrl+N】。

执行命令后，Revit 2018 弹出【新建项目】对话框，如图9-19所示。

选择一个所需要的样板文件，单击【确定】。如果【样板文件】下拉菜单中没有默认的样板文件，可单击【浏览】，指定路径后打开电脑中保存的样板文件，单击【打开】，如图9-20所示。项目就创建成功了。

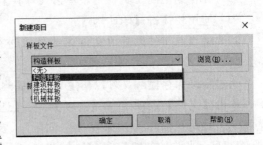

图9-19　【新建项目】对话框

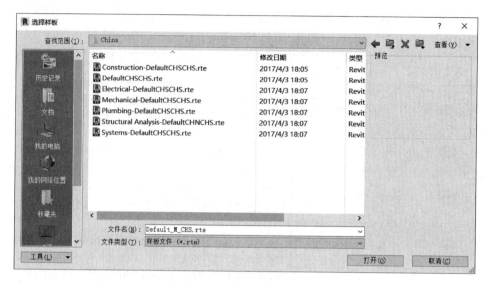

图 9-20　【选择样板】对话框

二、打开文件

打开 Revit 文件，请使用下列方法：

（1）在【最近使用的文件】窗口中的【项目】或【族】下，单击所需选项。

（2）单击【文件】选项卡→【打开】📂。

（3）单击【文件】选项卡→【打开】📂，然后选择文件类型。

（4）单击【文件】选项卡，并从【最近使用的文档】列表中选择一个文件。

（5）在快速访问工具栏上单击【打开】📂。

（6）使用快捷键【Ctrl+O】。

如果打开早期版本的 Revit 模型，该模型可能需要升级到当前版本。Revit 模型无法向后兼容。在升级和保存模型后，无法再使用早期版本的软件打开该模型。

三、保存文件

保存文件，请执行下列操作之一：

（1）单击【文件】选项卡→【保存】💾。

（2）在快速访问工具栏上，单击【保存】💾。

（3）使用快捷键【Ctrl+S】。

若要将当前文件以其他文件名或位置进行保存，单击【文件】选项卡→【另存为】📑。

通过定义保存提醒，可以指定 Revit 提醒保存打开的项目的频率，也可以关闭提醒。单击【文件】选项卡→【选项】，在【选项】对话框中，单击【常规】选项卡，选择一个时间间隔作为"保存提醒间隔"。要关闭保存提醒，选择"不提醒"作为"保存提醒间隔"。单击【确定】，如图 9-21 所示。

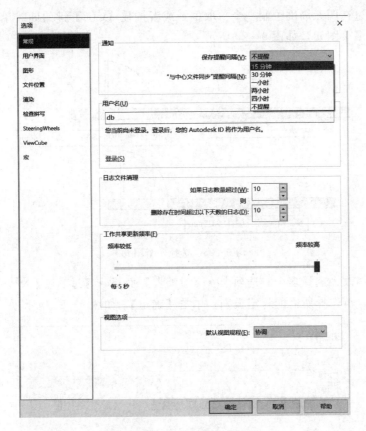

图 9-21　定义保存文件提醒

第四节　基本操作和快捷命令

一、图元基本操作

(一) 选择图元

只有选中图元后，用于修改绘图区域中图元的许多控制柄和工具才可以使用。为了识别图元并将其标记为处于选中状态，Revit 提供了自动高亮显示功能。在绘图区域中将光标移动到图元上或图元附近时，该图元的轮廓将会高亮显示。图元的说明会在 Revit 窗口底部的状态栏上显示。在短暂的延迟后，图元说明也会在光标下的工具提示中显示，如图 9-22 所示。

如果由于附近有其他图元而难以高亮显示某个特定图元，按【Tab】键循环切换图元，直到所需图元高亮显示为止。状态栏会标识当前高亮显示的图元。按【Shift+Tab】键可以按相反的顺序循环切换图元。

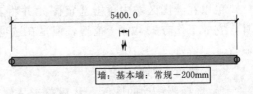

图 9-22　选中图元高亮显示

可以通过在图元周围绘制一个拾取框，或者按住【Ctrl】键的同时单击每个图元来同时选择多个图元，如图 9-23 所示。

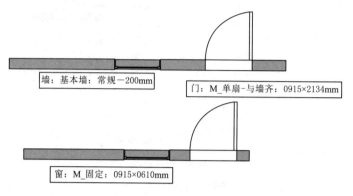

图 9-23　选择多个图元

单击【修改｜选择多个】选项卡→【过滤器】面板→【过滤器】▽，打开【过滤器】对话框，可选择所需的特定类别，单击【确定】，如图 9-24 所示。

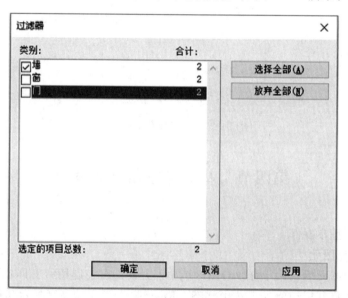

图 9-24　筛选特定图元

（二）编辑图元

1. 移动 (MV)

可以在绘图区域中单击选定图元并将其拖曳到新位置。也可以通过"移动"工具，它的工作方式类似于拖拽，但是在选项栏上提供了其他功能，允许进行更精确的放置。

（1）执行下列操作之一：

1）选择要移动的图元，然后单击【修改｜＜图元＞】选项卡→【修改】面板→【移动】✛。

2）单击【修改】选项卡→【修改】面板→【移动】 ，选择要移动的图元，然后按【Enter】键。

3）使用快捷键【MV】。

（2）在选项栏上单击所需的选项：

1）【约束】：单击【约束】可限制图元沿着与其垂直或共线的矢量方向的移动。

2）【分开】：单击【分开】可在移动前中断所选图元和其他图元之间的关联。例如，要移动连接到其他墙的墙时，该选项很有用。也可以使用"分开"选项将依赖于主体的图元从当前主体移动到新的主体上。例如，可以将一扇窗从一面墙移到另一面墙上。使用此功能时，最好清除"约束"选项。

（3）单击一次以输入移动的起点，将会显示该图元的预览图像。

（4）沿着希望图元移动的方向移动光标，光标会捕捉到捕捉点。此时会显示尺寸标注作为参考。

（5）再次单击以完成移动操作。或者如果要更精确地进行移动，请键入图元要移动的距离值，然后按【Enter】键，如图9-25、图9-26所示。

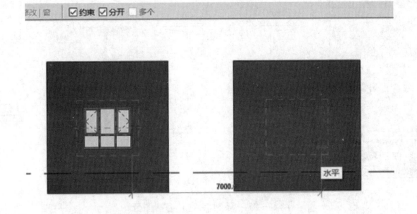

资源9.1
移动和
复制图元

图9-25　移动窗户（移动前）

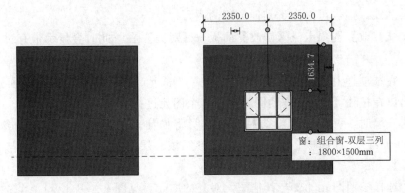

图9-26　移动窗户（移动后）

2. 复制（CO）

（1）要复制某个选定图元并立即放置该图元时（例如，在同一个视图中），可使用"复制"工具，执行下列操作之一：

1）选择要复制的图元，然后单击【修改｜＜图元＞】选项卡→【修改】面板→【复制】🔖。

2）单击【修改】选项卡→【修改】面板→【复制】🔖，选择要复制的图元，然后按【Enter】键。

3）快捷键【CO】。

（2）要放置多个副本，请在选项栏上选择"多个"。

（3）单击一次绘图区域开始移动和复制图元。

（4）将光标从原始图元上移动到要放置副本的区域。

（5）单击以放置图元副本，或输入关联尺寸标注的值。

（6）继续放置更多图元，或者按【Esc】键退出"复制"工具，如图 9-27 所示。

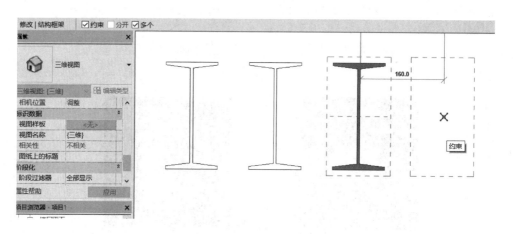

图 9-27　复制多个工字钢图元

资源 9.2
对齐图元

3. 对齐（AL）

（1）使用"对齐"工具可将一个或多个图元与选定图元对齐。此工具通常用于对齐墙、梁和线，但也可以用于其他类型的图元。

单击【修改】选项卡→【修改】面板→【对齐】。此时会显示带有对齐符号的光标。

（2）在选项栏上选择所需的选项。选择"多重对齐"将多个图元与所选图元对齐（也可以在按住【Ctrl】键的同时选择多个图元进行对齐）。

在对齐墙时，可使用【首选】选项指明将如何对齐所选墙：使用"参照墙面""参照墙中心线""参照核心层表面"或"参照核心层中心"（核心层选项与具有多层的墙相关）。

（3）选择参照图元［要与其他图元对齐的图元，见图 9-28（a）］。

（4）选择要与参照图元对齐的一个或多个图元［图 9-28（b）］。

注：在选择之前，将光标在图元上移动，直到高亮显示要与参照图元对齐的图元部分时为止，然后单击该图元。

（5）如果希望选定图元与参照图元（稍后将移动它）保持对齐状态，单击挂锁符号来锁定对齐［图9-28（c）］。如果由于执行了其他操作而使挂锁符号消失，单击【修改】并选择参照图元，以使该符号重新显示出来。

（6）要启动新对齐，请按【Esc】键一次。

（7）要退出"对齐"工具，请按【Esc】键两次。

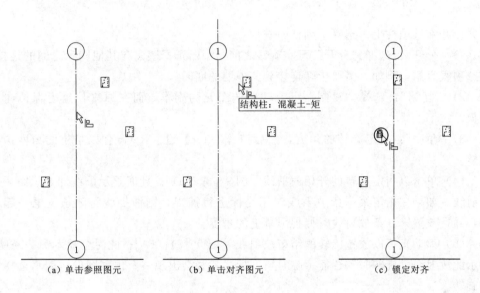

（a）单击参照图元　　　　（b）单击对齐图元　　　　（c）锁定对齐

图9-28　混凝土柱对齐到轴网

4．旋转

使用"旋转"工具可使图元围绕轴旋转。在楼层平面视图、天花板投影平面视图、立面视图和剖面视图中，图元会围绕垂直于这些视图的轴进行旋转。在三维视图中，该轴垂直于视图的工作平面。

（1）执行下列操作之一：

1）选择要旋转的图元（图9-29），然后单击【修改｜＜图元＞】选项卡→【修改】面板→【旋转】 ○。

2）单击【修改】选项卡→【修改】面板→【旋转】 ○，选择要旋转的图元，然后按【Enter】键。

3）在放置构件时，选择选项栏上的【放置后旋转】选项。

（2）通过以下方式重新确定旋转中心（图9-30）：

1）将【旋转控制】拖至新位置。

2）单击【旋转控制】，并单击新位置。

3）按空格键并单击新位置。

4）在选项栏上，选择"旋转中心：放置"并单击新位置。

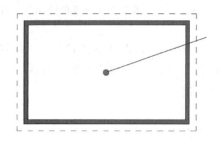

图9-29　选择旋转图元　　　　　　图9-30　重新确定旋转中心

（3）在选项栏上，选择下列任一选项：

1）"分开"：选择"分开"可在旋转之前，中断选择图元与其他图元之间的连接。该选项很有用，例如，需要旋转连接到其他墙的墙时。

2）"复制"：选择"复制"可旋转所选图元的副本，而在原来位置上保留原始对象。

3）"角度"：指定旋转的角度，然后按【Enter】键。Revit 会以指定的角度执行旋转。

（4）单击以指定旋转的开始放射线［图9-31（a）］。此时显示的线即表示第一条放射线。如果在指定第一条放射线时用光标进行捕捉，则捕捉线将随预览框一起旋转，并在放置第二条放射线时捕捉屏幕上的角度。

（5）移动光标以放置旋转的结束放射线［图9-31（b）］。此时会显示另一条线，表示此放射线。旋转时，会显示临时角度标注，并会出现一个预览图像，表示选择集的旋转。

（6）选择集会在开始放射线和结束放射线之间旋转，结果如图9-31（c）所示。

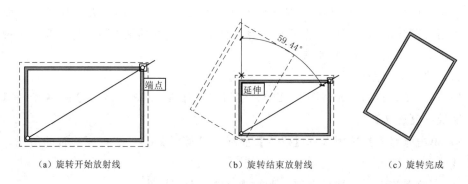

（a）旋转开始放射线　　　　　（b）旋转结束放射线　　　　　（c）旋转完成

图9-31　旋转"墙"图元

5. 镜像

"镜像"工具使用一条线作为镜像轴，来反转选定模型图元的位置。可以拾取镜像轴（图9-32），也可以绘制镜像轴。使用"镜像"工具可翻转选定图元，或者生成图元的一个副本并反转其位置（图9-33）。

资源9.3
镜像图元

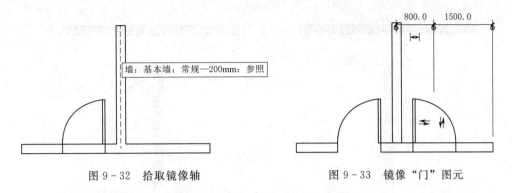

图 9-32 拾取镜像轴 　　　　　　图 9-33 镜像"门"图元

（1）执行以下操作之一：

1）选择要镜像的图元，然后在【修改｜＜图元＞】选项卡→【修改】面板上，单击【镜像-拾取轴】 或【镜像-绘制轴】 。

2）单击【修改】选项卡→【修改】面板，单击【镜像-取轴】 或【镜像-绘制轴】 。然后选择要镜像的图元，并按【Enter】键。

（2）移动选定项目（而不生成其副本），需清除选项栏上的"复制"。

（3）选择或绘制用作镜像轴的线。

只能拾取光标可以捕捉到的线或参照平面，不能在空白空间周围镜像图元。

6. 修剪和延伸

（1）修剪/延伸成角。

1）单击【修改】选项卡→【修改】面板→【修剪/延伸到角部】 。

2）选择每个图元。

3）选择需要将其修剪成角的图元时，确保单击要保留的图元部分，如图 9-34、图 9-35 所示。

图 9-34 单击每个图元 　　　　　　图 9-35 完成修剪

（2）将一个图元修剪或延伸到其他图元定义的边界。

1）单击【修改】选项卡→【修改】面板→【修剪/延伸单一图元】 。

2）选择用作边界的参照，如图 9-36 所示。

3）选择要修剪或延伸的图元，如图 9-37 所示，结果如图 9-38 所示。如果此图元与边界（或投影）交叉，则保留所单击的部分，而修剪边界另一侧的部分。

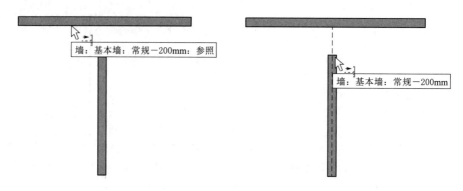

图 9-36　选择水平墙用作参照　　　　　　图 9-37　选择要延伸的图元

（3）将多个图元修剪或延伸到其他图元定义的边界。

1）单击【修改】选项卡→【修改】面板→【修剪/延伸多个图元】 。

2）选择用作边界的参照，如图 9-39 所示。

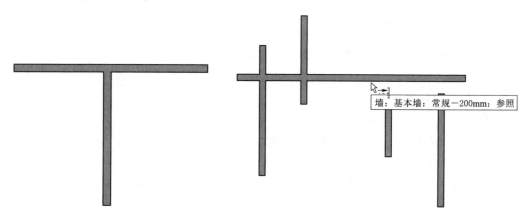

图 9-38　完成延伸　　　　　　　　　　图 9-39　选择水平墙为边界

3）使用一个或以下两种方法来选择要修剪或延伸的图元：

a. 单击以选择要修剪或延伸的每个图元。

b. 在要修剪或延伸的图元周围绘制一个选择框（图 9-40）。当从右向左绘制选择框时，图元不必包含在选中的框内。当从左向右绘制时，仅选中完全包含在框内的图元。

对于与边界交叉的任何图元，保留所单击的图元部分。在绘制选择框时，保留位于边界同一侧（单击开始选择的地方）的图元部分，而修剪边界另一侧的部分（图 9-41）。

二、快捷命令

（一）常用快捷键

为了提高工作效率，汇总了常用快捷键表格，在英文输入法状态下，在键盘上输入快捷键可访问相应工具，见表 9-2～表 9-4。

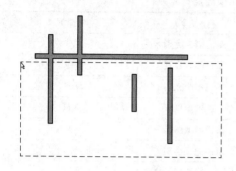

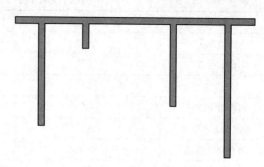

图 9-40 框选需要修剪或延伸的图元　　　　图 9-41 完成修剪和延伸

表 9-2　　　　　　　　　　　　建模与绘图命令常用快捷键

命令	快捷键	命令	快捷键
墙	WA	对其标注	DI
门	DR	绘制参照平面	RP
窗	WN	放置构件	CM
柱	CL	文字	TX
梁	BM	模型线	LI
板	SB	房间	RM
轴线	GR	标记房间	RT
标高	LL		

表 9-3　　　　　　　　　　　　编辑修改命令常用快捷键

命令	快捷键	命令	快捷键
删除	DE	偏移	OF
移动	MV	缩放	RE
复制	CO	锁定	PN
旋转	RO	解锁	UP
阵列	AR	线处理	LW
镜像-拾取轴	MM	填色	PT
镜像-绘制轴	DM	拆分面	SF
对齐	AL	匹配类型属性	MA
拆分	SL	属性	PP
修剪/延伸	TR		

表 9-4　　　　　　　　　　　　　视图控制命令常用快捷键

命　令	快捷键	命　令	快捷键
区域放大	ZR	临时隔离类别	IC
缩放配置	ZF	重设临时隐藏	HR
上一次缩放	ZP	隐藏图元	EH
线框显示模式	WF	隐藏类别	VH
隐藏线显示模式	HL	取消隐藏图元	EU
着色显示模式	SD	取消隐藏类别	VU
细线显示模式	TL	切换显示隐藏图元模式	RH
视图图元属性	VP	渲染	RR
可见性设置	VV	快捷键定义窗口	KS
临时隐藏图元	HH	视图窗口平铺	WT
临时隔离图元	HI	视图窗口层叠	WC
临时隐藏类别	RC		

（二）自定义快捷键

除了可以使用预定义的快捷键，也可以添加自定义的组合键来提高工作效率。

图 9-42　【快捷键】对话框

下面以定义"墙：结构"快捷键为"JL"为例，来详细讲解自定义快捷键的过程。

（1）单击【视图】选项卡→【窗口】面板→【用户界面】下拉列表→【快捷键】，弹出【快捷键】对话框，如图 9-42 所示。

（2）在【快捷键】对话框中，使用下列两种方法中的一种或两种找到所需的 Revit 工具或命令：

1）在搜索字段中，输入命令的名称"墙：结构"。键入时，"指定"列表将显示与单词的任何部分相匹配的命令，如图 9-43 所示。

2）使用"过滤器"，选择显示命令的用户界面区域，或选择下列值之一："全部"（列出所有命令）；"全部已定义"（列出已经定义了快捷键的命令）；"全部未定义"（列出当前没有定义快捷键的命令）；"全部保留"（列出为特定命令保留的快捷键）。这些快捷键在列表中以灰色显示，无法将这些快捷键指定给其他命令。

（3）将快捷键添加到命令。从"指定"列表中选择所需的命令"墙：墙：结构"，光标移到"按新键"字段，按所需的键序列"JL"。按键时，序列将显示在字段中。如果需要，可以删除字段的内容，然后再次按所需的键。

（4）所需的键序列显示在字段中后，单击【指定】。新的键序列将显示在选定命令的"快捷键"列，如图 9 - 44 所示。

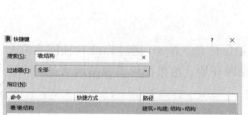

图 9 - 43　搜索需定义的工具或命令　　　　图 9 - 44　添加"墙：墙：结构"快捷键为"JL"

（5）导出和导入快捷键。

1）在【快捷键】对话框中，单击【导出】，定位到所需文件夹，指定文件名，然后单击【保存】。可以将快捷键导出到 XML 文件中。

导出到 XML 文件后，可以在电子表格程序中打开该文件，或者将其发送给其他 Revit 用户，这样他们便可以将其导入到自己的 Revit 中。

2）在【快捷键】对话框中，单击【导入】。定位到所需的快捷键文件，选择该文件，然后单击【打开】。如果存在现有的快捷键文件，将显示一条消息，询问是用导入的快捷键覆盖现有的快捷键，还是将其合并。选择适当的选项即可。

第十章

项目模型创建

第一节 创建项目模型

一、标高和轴网

标高和轴网是建筑设计、施工中重要的定位信息。Revit 通过标高和轴网为模型中各构件的空间关系定位。从项目的标高和轴网开始，再根据标高和轴网信息建立建筑中梁、柱、基础、墙、门、窗等模型构件。

（一）创建和编辑标高

标高用于反映建筑构件在高度方向上的定位情况，因此在 Revit 中开始建模前，应先对项目的层高和标高信息作出整体规划。

1. 创建标高

"标高"命令在立面和剖面视图中才能使用，因此在正式开始项目设计前，须事先打开一个立面视图。在项目浏览器中展开一个立面，在新创建项目时默认创建了两个标高，如图 10‑1 所示。根据项目要求，可以修改标高名称和标高值，如图 10‑2 所示。

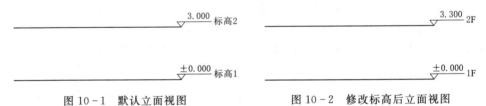

| 图 10‑1　默认立面视图 | 图 10‑2　修改标高后立面视图 |

单击【结构】选项卡→【基准】面板→【标高】命令 标高，移动光标到视图中"2F"左侧标头上方，当出现绿色标头对齐虚线时，输入 3000 并从左向右移动光标到"2F"右侧标头上方，当出现绿色标头对齐虚线时，再次单击鼠标左键捕捉标高终点，创建标高"3F"，如图 10‑3 所示。绘制标高时也可以先不考虑标高尺寸，绘制完成后再修改。

标高的创建也可以采用工具栏【复制】命令来完成。下面利用【复制】命令生成"室外地面标高"。选择标高"1F"，单击【修改 | 标高】→【修改】→【复制】 ，选项栏 修改 | 标高　☑约束 □分开 □多个 中"约束"选项保证光标只能沿着垂直和水平方向移动，如果要同时复制多个标高，可以勾选"多个"。勾选"约束"后移动光标在标高"1F"上单击捕捉一点作为复制参考点，垂直向下移动光标，输入间距值"300"后按下【Enter】键确认新的标高"室外地面"，如图 10‑4 所示。

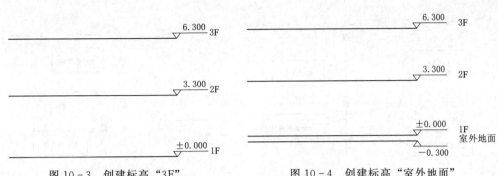

图 10-3 创建标高"3F"　　　　　　图 10-4 创建标高"室外地面"

采用复制方式创建的标高，Revit 不会为该标高生成结构平面视图，单击【视图】→【创建】→【平面视图】→【结构平面】，Revit 将打开【新建结构平面】对话框。选中"室外地面"，Revit 将在项目浏览器中创建与标高同名的结构平面视图，如图 10-5 所示。

在 Revit 中，标高对象实质为一组平行的水平面，该标高平面会投影显示在所有的立面或剖面视图当中。因此在任意立面视图中绘制标高图元后，会在其余相关立面视图中生成与当前绘制视图中完全相同的标高。

2. 编辑标高

选择标高后可以在属性窗口修改标高的属性，例如，将图 10-4 中"室外地面"的标头修改为下标头，并在【类型属性】对话框中将标高的【线型图案】由"实线"修改为"中心"线，如图 10-6 所示。

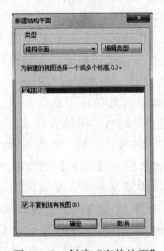

图 10-5 创建"室外地面"
结构平面

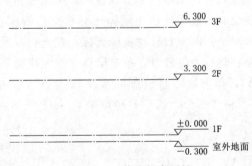

图 10-6 修改标高属性

选择任意一个标高，在绘图区会显示临时尺寸、一些控制符号和复选框，可以编辑其尺寸值，单击并拖拽控制符号可以整体或单独调整标头的水平位置，控制标头隐藏或显示等操作，如图 10-7 所示。

（二）创建和编辑轴网

标高创建完成以后，可以切换至任何结构平面视图，常使用 1F 结构平面视图创

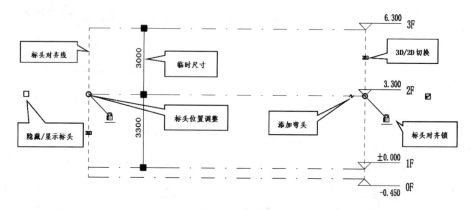

图 10 - 7　编辑标高

建和编辑轴网。轴网用于在平面视图中定位图元。Revit 提供了【轴网】命令，用于创建轴网对象，其操作与创建标高的操作相似。

1. 创建轴网

轴网是在楼层平面中创建的，绘制轴线是创建轴网的基础。在【项目浏览器】面板中双击【视图】→【结构平面】→【1F 视图】，进入 1F 结构平面视图。单击【结构】→【基准】→【轴网】，自动切换至【放置轴网】上下文选项卡中，进入轴网放置状态。

移动鼠标光标至空白视图处单击，确定第 1 条垂直轴线起点，沿垂直方向向上移动鼠标光标，Revit 将在光标位置与起点之间显示轴线预览，当光标移动至轴线终点位置时，单击鼠标左键完成第一条垂直轴线的绘制。绘制第一条轴线的编号默认为 1，后面的轴线编号按 2、3…自动排序。其他竖向轴线可以按距离上一条轴线的要求距离进行放置，也可以单击【复制】按钮 进行多个复制，参考标高的复制方法。竖向轴线绘制完成后，移动鼠标光标至空白视图左下角空白处单击，确定水平轴线起点，沿水平方向向右移动鼠标光标，在光标位置与起点之间将显示轴线预览，当光标移动至右侧适当位置时，单击鼠标左键完成第一条水平轴线的绘制，修改其轴线编号为 "A"。单击选择新绘制的水平轴线 A，单击修改面板中【复制】按钮，并勾选 "约束" 和 "多个" 选项。拾取轴线 A 上任意一点作为复制基点，垂直向上移动鼠标，依次输入复制间距为 3000mm、2000mm、2000mm，轴线编号将自动生成为 A、B、C、D。完整的轴网绘制结果如图 10 - 8 所示。

可选择【插入】→【导入】→【导入 CAD】按钮 后采用如图 10 - 9 所示 "拾取线" 方式拾取 CAD 图已有轴线生成轴网。

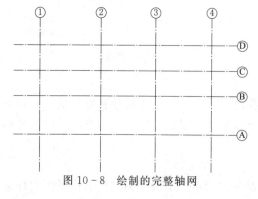

图 10 - 8　绘制的完整轴网

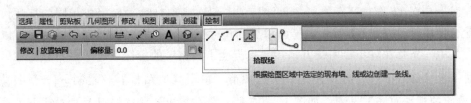

图 10-9 利用拾取线命令绘制轴线

2. 编辑轴线

单击任意一条轴线，在其端部将会出现四种符号，如图 10-10 所示。单击"拖拽长度"可以同时修改对齐轴线的长度，若需要单独修改其中某一轴线的长度，需要先单击解锁"对齐约束"。可以通过"轴头显示"开关控制某条轴线的轴头符号，单击"添加弯头"符号可以添加弯头。

轴网绘制完成后，点开立面图查看轴网的影响范围。一般情况下，轴网的两个端点应分别位于最高标高平面之上和最低标高平面之下，并且在立面上与全部标高线交叉，这样可确保各层平面图上均有轴网覆盖。如图 10-11 所示，南或北立面控制纵轴，东或西立面控制横轴。

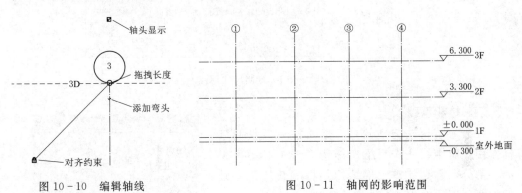

图 10-10 编辑轴线　　　　　　　图 10-11 轴网的影响范围

3. 标注轴线

绘制完成轴网后，可以使用 Revit【注释】命令，为结构平面视图中的轴网添加尺寸标注。切换至 1F 结构平面视图，单击【注释】→【尺寸标注】→【对齐尺寸标注】，Revit 进入放置尺寸标注模式。移动鼠标光标至轴线 1 任意一点，单击鼠标左键作为对齐尺寸标注的起点，向右移动鼠标至轴线 2 上任一点并单击鼠标左键，以此类推，分别拾取并单击轴线 3 和 4。完成后向下移动鼠标至轴线下适当位置单击空白处，即完成垂直轴线的尺寸标注。用相同的方式完成轴线 A～D 的尺寸标注，标注结果如图 10-12 所示。

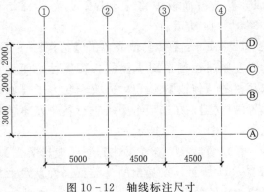

图 10-12 轴线标注尺寸

以上是在 1F 结构平面进行的尺寸标注，要在其他结构平面生成相同的标注，需要配合使用键盘【Ctrl】键，选择已添加的尺寸标注。若依次增加过于麻烦，可以先单击其中一条标注，单击右键并采用"选择全部实例"的特性方式选中所有标注。自动切换至【修改 | 尺寸标注】上下文选项卡。单击【剪贴板】→复制 → 粘贴 →【与选定的视图对齐】选项，如图 10 - 13 所示。在弹出的【选择视图】对话框中选择需要标注轴网尺寸的视图，则相应视图中生成相同的尺寸标注。

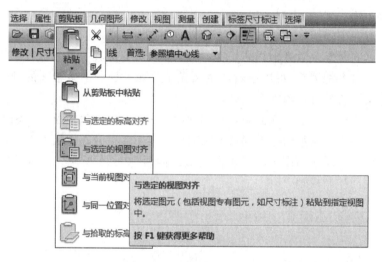

图 10 - 13　复制尺寸标注

二、柱和基础

柱分为结构柱与建筑柱，建筑柱一般仅起装饰作用，而结构柱作为框架结构模型中必不可少的一部分，起到支撑上部结构并将荷载传至基础的重要作用。本节介绍结构柱和基础的创建。

1. 结构柱的创建

（1）准备工作。打开文件并切换视图至目标结构平面，为了确保图元的正确显示，需要在【属性】选项面板中将【规程】调整为【结构】，如图 10 - 14 所示。

（2）命令：【CL】键或单击【结构】→【柱】。此时左侧属性栏出现了柱的相关属性，而且上部选项栏的【修改】上下文选项卡变为了【修改 | 放置结构柱】，在选项卡中可进行若干基本的修改操作，如图 10 - 15 所示。

（3）编辑：单击【属性】→【编辑类型】。如图 10 - 16 所示，在弹出的【类型属性】对话框中可修改构件的截面形式等基本属性，如图 10 - 17

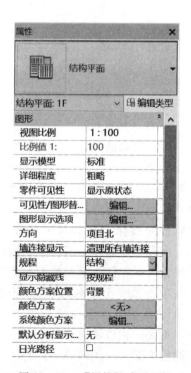

图 10 - 14　【属性】选项面板

所示。在尺寸标注中可修改柱的截面尺寸，例如图 10-17 中的 "KZ2 500 × 500"。若下拉列表中没有所需类型，则应创建所需新类型，方法如下：

1）单击【复制】按钮，复制现有类型，在弹出的【名称】对话框中修改其名称为所需名称。

2）在【类型属性】对话框中修改 "尺寸标注" 中的 "b" 与 "h" 为相应尺寸，如图 10-17 所示。

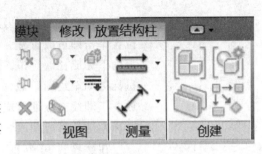

图 10-15　【修改｜放置结构柱】选项卡部分截图

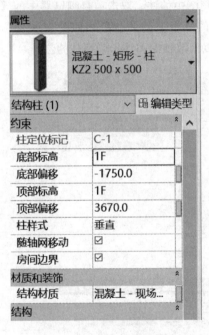

图 10-16　确定结构柱类型

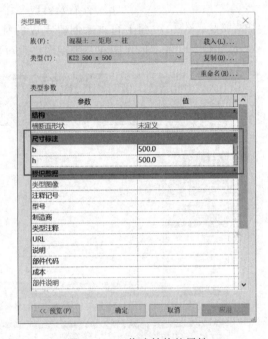

图 10-17　修改结构柱属性

（4）确认【修改｜放置结构柱】面板中柱的生成方式为【垂直柱】；将【修改】选项栏中柱的生成方式改为 "高度"，在其右侧的下拉列表中选择结构柱到达的标高为该柱的顶面标高，一旦确定好柱的底面标高、顶面标高，柱的高度就可以确定了。如将高度修改为 "2F"，表示该结构柱从本视图标高 1F 建立至 2F，见图 10-18。

图 10-18　【修改｜放置结构柱】中调用【垂直柱】

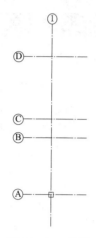

图 10-19　放置结构柱

（5）在平面视图或三维视图中均可完成柱的创建，在目标位置单击即可放置柱。在实际绘制时，常在平面视图中的轴网辅助下完成柱的定位。如图 10-19 所示，完成前述操作后，将鼠标挪动至绘图区域即可显示"矩形柱"的预览位置，将鼠标放置于轴线交点处生成自动捕捉，如 1 轴与 A 轴的交点，单击鼠标左键即可成功放置一个截面形心位于两轴线交点的矩形柱。

在建模过程中也可同时放置多个柱。单击【结构】→【柱】→【在轴网处】，如图 10-20（a）所示，先选中某一轴线，按下【Ctrl】键，逐一选择需要放置柱的轴线，最后单击【完成】按钮即可，如图 10-20（b）所示。

（6）查看及修改三维视图中的柱。双击项目浏览器中的【三维】可查看创建完成的柱的三维空间的位置，如图 10-21（a）所示。在三维视图中也可以修改柱的属性和调整柱的位置。

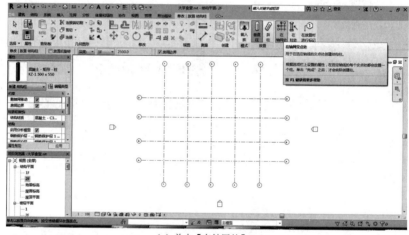

（a）单击【在轴网处】

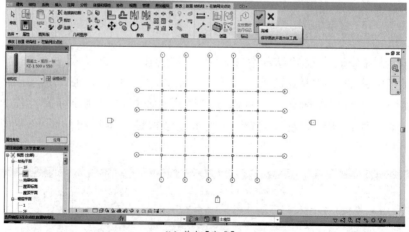

（b）单击【完成】

图 10-20　同时绘制多个柱

（7）复制结构柱。若所绘结构存在大量重复结构，则可使用【复制】功能来完成快速绘制。在结构平面视图中选中所需复制的结构柱，单击【修改｜结构柱】→【剪贴卡】→【复制】，单击【剪贴板】→【粘贴】命令下方的下拉三角箭头，选择【与选定标高对齐】，在【选择标高】中选择目标标高，单击确定，粘贴至正确位置。例如，将某一标高中某列柱进行复制，其三维视图如图 10-21（b）所示。

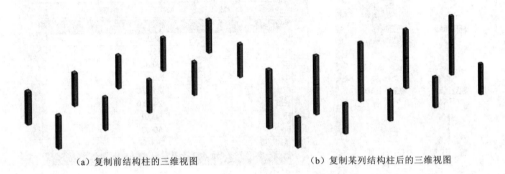

（a）复制前结构柱的三维视图　　　　　（b）复制某列结构柱后的三维视图

图 10-21　结构柱的三维视图

2. 结构基础的创建

在 Revit 中可以创建独立基础、条形基础和筏板基础，如图 10-22 所示。本节以柱下独立基础形式为例介绍结构基础的绘制方法。具体过程如下：

（1）打开结构平面视图，调整结构平面视图【属性】→【规程】为【结构】。单击功能区的【结构】→【基础】→【独立基础】，载入独立基础族，如图 10-23 所示。

（2）基础的种类有许多，在实际项目中常需要从外部导入创建好的族。可以在族库中选择项目所需要的族，或新创建一个族用于插入。

图 10-22　三种基础形式

（3）若插入的族与实际大小尺寸存在偏差，则应按照底图中的基础几何尺寸表修改尺寸标注参数，如图 10-24 所示。图 10-24 中各参数含义可通过双击该族获得。

（4）修改结构平面视图属性。为了在视图中能够完整显示结构基础，单击【视图范围】→【编辑】→【视图范围】对话框。修改【视图深度】中的标高偏移量与【主要范围】中"顶部""剖切面"和"底部"的偏移量值至合适数值，如图 10-25 所示。

（5）在修改视图范围后，基础将显示在当前的结构平面视图中，如图 10-26 所示。

（6）若基础尺寸不相同，可使用图元【属性】编辑基础的长度、宽度、阶高、材质等，可从类型选择器切换其他尺寸规格类型，并可利用【移动】、【复制】等编辑命令进行编辑。按照上述方法依次完成其余基础的建立，切换至三维视图，可观察其三维效果，如图 10-27 所示。

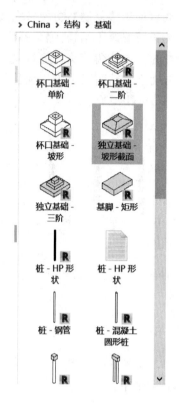

图 10-23 选择族库中的
基础图

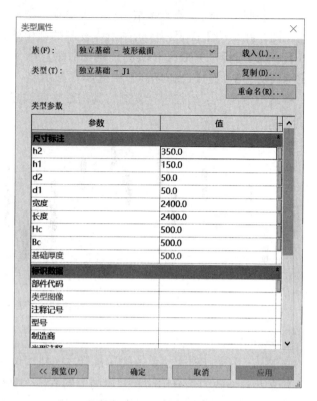

图 10-24 修改基础参数

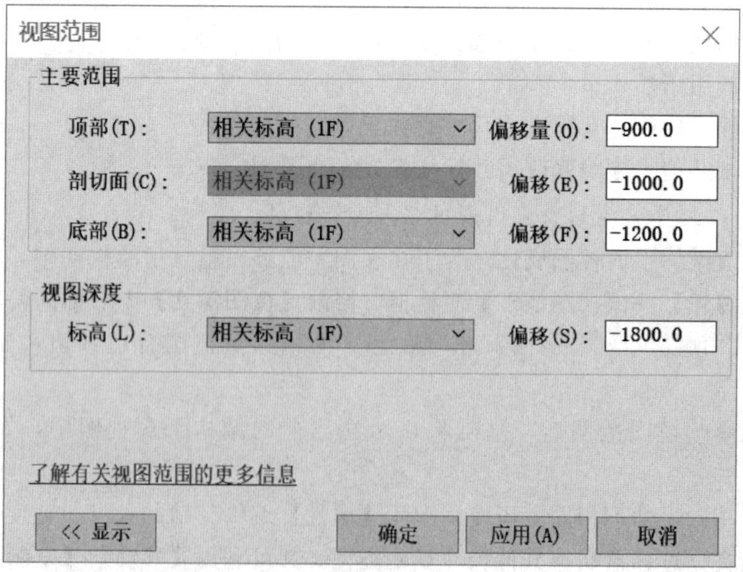

图 10-25 修改视图范围

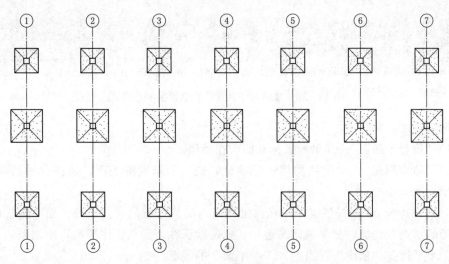

图 10-26 1F 结构平面视图中的基础

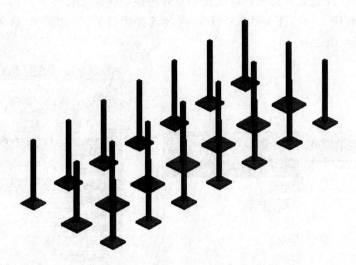

图 10-27 三维视图中的柱与基础

三、梁和楼板

(一) 梁

梁是以受弯为主的构件,承受竖向荷载,一般水平放置,用来支撑板及板传来的各种竖向荷载和梁的自重。梁主要在结构图中绘制,在 Revit 中有梁和梁系统两种绘制方法。需要注意的是,在使用梁前必须要把相关的梁族文件载入。

使用【梁】命令,设置属性和族类型,可以在功能区中选择绘制方式,通过绘制出直线或曲线,或者通过拾取现有视图中已存在线来绘制梁,或者选中轴网线一次绘制多根梁,将梁放置在平面视图或三维视图中,完成梁的创建。具体过程如下:

(1) 命令:【BM】键或【结构】→【梁】 ✍。

(2) 执行上述命令后,界面会出现上下文功能选项卡【修改 | 放置梁】,如图 10-28 所示。

图 10-28　【修改｜放置梁】选择卡和选项栏

选项说明：

1）"放置平面"：选择梁放置标高即所在楼层。

2）"结构用途"：单击结构用途选项栏，根据绘制梁的类型，选择合适的选项，见图 10-29。

3）"三维捕捉"：提供了一个在三维空间内捕捉已有的"点、线、面"构成的任何图形的"点"功能，如果关闭该选项，就是默认在当前"工作平面"绘制图形，并且是一个平行且"依附"在当前"工作平面"的图形。

4）"链"：勾选此复选框，可以在端点处连接，连续绘制梁。

（3）绘制梁。选择【属性】→下拉列表【梁类型】，如"300×600mm"混凝土矩形梁，见图 10-30。

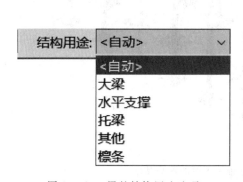

图 10-29　梁的结构用途选项

图 10-30　梁类型

单击【绘制】→【直线】 ⬚，在视图中单击以确定梁的起点，如图 10-31 所示，移动光标到适当位置单击以确定梁的终点，直至梁绘制完成，绘制完成如图 10-32 所示。

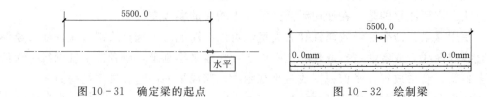

图 10-31　确定梁的起点　　　　　图 10-32　绘制梁

选中绘制好的梁，在【属性】选项面板中可以调整梁的属性特征，如参照标高、轴偏移值等，如图 10-33 所示。

（二）楼板

楼板是建筑物中用于分隔各层空间的构件。Revit
提供了三种楼板：建筑楼板，结构楼板和面楼板。其中
面楼板用于概念体量中，将楼板面转换为楼板模型的图
元，只能用于从概念体量创建模型时。结构楼板和建筑
楼板在使用方法上没有区别，只是在结构楼板中能够进
行布置钢筋、受力分析等结构专业的应用，提供了钢筋
保护层厚度等参数。Revit 还提供了楼板边缘工具，用
于创建基于楼板边缘的放样模型图元。

楼板与前面介绍的创建单独构件的绘制方式不同，
它属于平面草图绘制构件。下面以结构楼板的创建为例
介绍楼板的创建过程。

单击【结构】→【楼板】→【楼板/结构】，单击
【属性】→【编辑类型】，进入【属性类型】对话框。选
择楼板，设置楼板属性和族类型，可在功能区中选择一
个绘制工具，在绘图区域中绘制楼板的线性范围，或者
通过拾取现有视图中已存在的线、边或者面来绘制楼板

图 10-33 梁属性

的线性范围，将楼板放置在平面视图或三维视图中，完成楼板的创建。

【实例 10-1】 创建一个楼板类型"楼板-120mm"，如图 10-34 所示。

解：（1）选中【属性】→【楼板】，单击【编辑类型】，打开"类型属性"编辑
器，单击结构【编辑】按钮，通过【插入】、【删除】、【向上】、【向下】四个按钮，
可以添加和删除各功能层，并修改功能层相对于结构层的位置，如图 10-34 所示，
分别添加了"面层 1 [4]""衬底 [2]"。单击图 10-34 中的【确定】按钮，完成
楼板类型的编辑。

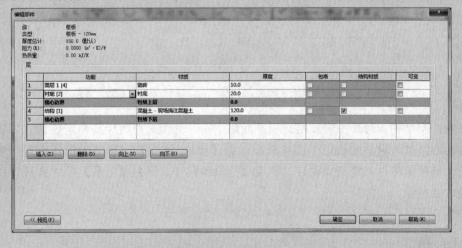

图 10-34 创建"楼板-120mm"

（2）确认【修改/创建楼层边界】上下文选项卡的【绘制】面板中的绘制状态为【边界线】，绘制方式为矩形，设置选项栏中的偏移值为0，"延伸至墙中（核心层）"的选项处于勾选状态。绘制出楼板的轮廓，如图10-35所示，确认完成绘制。

选中绘制好的楼板，在【属性】选项面板中可以调整楼板的属性特征，如标高、自标高的高度偏移值等，如图10-36所示。其中"房间边界"指是否将楼板作为房间边界的一部分，该复选框在绘制完楼板后从只读模式变为可修改模式。

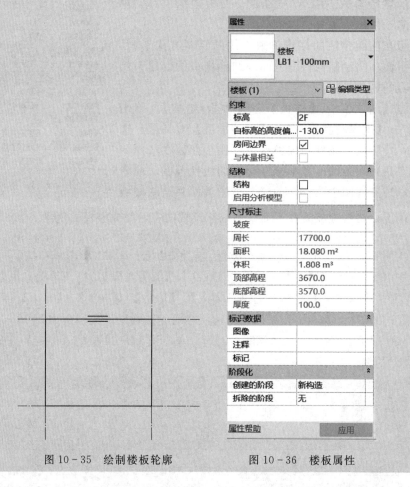

图10-35 绘制楼板轮廓　　　　图10-36 楼板属性

在绘制结构板时，一定要结合板平面施工图，分析对应板标高和定位信息、板厚度等内容，进入对应的楼层平面视图，根据【楼板/结构】创建结构板，根据图纸信息定义结构板构件，定义完成后，利用【拾取线】、【直线】、【矩形】等方式进行楼板边线的绘制。

注：边线必须围成封闭区域，并且不可以重合、相交。

四、屋顶

Revit提供了迹线屋顶、拉伸屋顶和面屋顶三种创建屋顶的方式。其中，迹线屋顶指的是创建屋顶时使用建筑迹线定义其边界，这种屋顶的创建方法和楼板非常相似，不同的是在迹线屋顶中可以灵活地定义多个坡度；拉伸屋顶时通过拉伸绘制的轮廓来创建屋顶；面屋顶是使用非垂直的体量面创建屋顶。下面主要介绍迹线屋顶的创建。

单击【建筑】→【构建】→【屋顶/迹线屋顶】。

执行上述命令后，界面会出现如图 10 - 37 所示功能选项卡【修改│创建屋顶迹线】。

图 10 - 37　【修改│创建屋顶迹线】选项卡和选项栏

如果所创建的屋顶为坡屋顶，则需要将定义坡度选项选中；若为平屋顶，则无须勾选。

在【属性】中单击【编辑类型】，创建符合要求的屋顶，如图 10 - 38 所示。

编辑部件

族:	基本屋顶
类型:	常规屋顶 - 120
厚度总计:	140.0 (默认)
阻力 (R):	0.0174 (m²·K)/W
热质量:	3.64 kJ/K

层

	功能	材质	厚度	包络	可变
1	面层 1 [4]	屋面水泥	10.0		☑
2	涂膜层	<按类别>	0.0		
3	核心边界	包络上层	0.0		
4	结构 [1]	混凝土 - C30- 现场浇注混	120.0		
5	核心边界	包络下层	0.0		
6	面层 2 [5]	屋面水泥	10.0		

插入 (I)　删除 (D)　向上 (U)　向下 (O)

<< 预览 (P)　　确定　取消　帮助 (H)

图 10 - 38　编辑屋顶的各组成部分

迹线屋顶绘制后如图 10 - 39 所示，图中三角形表示的是坡度，可以选中某条迹线来修改此屋顶的坡度。

检查无误后，单击【完成编辑模式】，即可创建迹线屋顶，如图 10 - 40 所示。

选中绘制好的屋顶，在【属性】面板中可以调整屋顶的属性特征，如标高、坡度等。

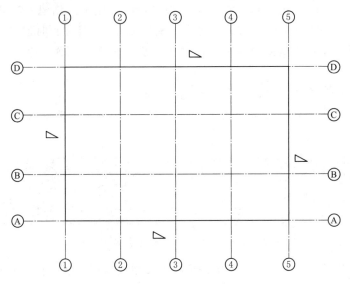

图 10-39 迹线屋顶平面图

五、构件钢筋

使用钢筋工具可将钢筋图元添加到相关有效结构主体上,结构主体包括结构框架、结构柱、结构基础、结构连接、楼板、墙、基础底板、条形基础和楼边板等。

在【结构】选项卡的【钢筋】面板中选择钢筋工具,如图 10-41 所示。

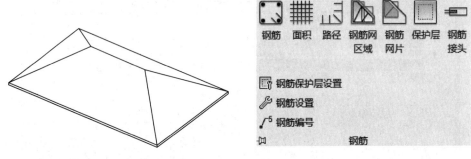

图 10-40 迹线屋顶三维视图   图 10-41 钢筋工具

(一) 钢筋的设置

钢筋的设置包括钢筋保护层设置和钢筋设置。

1. 钢筋保护层设置

保护层厚度是指钢筋外表面至混凝土外表面的距离。单击【钢筋】面板→【钢筋保护层设置】,弹出对话框,如图 10-42 所示。对话框中的值是默认设置,可根据建筑结构进行实际设置的添加。

2. 钢筋设置

布置钢筋前,需要调用如图 10-43 所示【钢筋设置】对话框,调整钢筋建模的相关设置。各选项的详细说明可以单击各选项对话框左下角的提示框查看。如单击

【常规】选项卡左下方的提示"这些常规设置如何更改钢筋的放置"，可自动链接到如图 10 - 44 所示帮助文件界面。

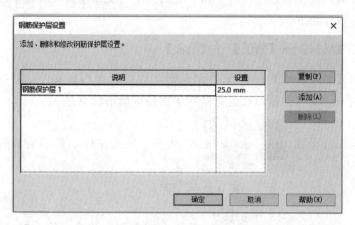

图 10 - 42　【钢筋保护层设置】对话框

图 10 - 43　钢筋设置

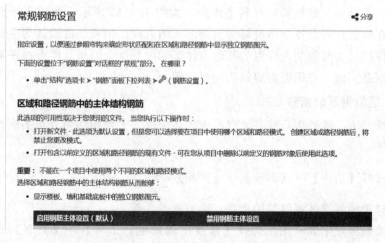

图 10 - 44　"常规钢筋设置"帮助文件

（二）结构钢筋的创建

将钢筋实例放置在有效主体的平面、立面或剖面视图中，可放置平面或多平面钢筋。具体创建步骤如下：

（1）选择【结构】→【钢筋】→【钢筋】。

（2）利用【插入形状】按钮 将钢筋形状族载入到当前文件，并在【修改｜放置钢筋】选项卡中或"钢筋形状浏览器"中选择钢筋形状类型。

（3）确定放置平面 ：此平面定义主体上钢筋的放置位置，包括当前工作平面、近保护层参照、远保护层参照。

（4）选择放置方向 ：此方向定义了在放置主体中时的钢筋的方向，包括平行于工作平面、平行于保护层、垂直于保护层。

（5）设置钢筋集 ：此选项确定钢筋集的布局、数量和间距。

【布局】中选项含义如下：

"固定数量"：钢筋之间的间距是可调整的，但钢筋数量是固定的，需输入数量。

"最大间距"：指定钢筋之间的最大距离，但钢筋数量会根据第一条和最后一条钢筋之间的距离发生变化，需输入间距。

"间距数量"：指定数量和间距的常量值，需输入数量和间距。

"最小净间距"：指定钢筋之间的最小净距，钢筋数量会根据第一条和最后一条钢筋之间的距离发生变化。即使钢筋大小发生变化，该间距仍会保持不变。

（6）放置钢筋。将钢筋放置到主体中，如图 10-45 所示，在柱子平面视图中放置箍筋。在放置时可以按空格键旋转钢筋形状的方向。钢筋长度默认为主体图元的长度，或者保护层参照限制条件内的其他主体图元的长度。编辑长度可在平面或立面视图中选择钢筋实例，并根据需要修改端点位置。

（三）区域钢筋的创建

在楼板、墙、基础楼板或其他混凝土主体中放置大面积均匀分布的钢筋，具体创建步骤如下：

（1）选择【结构】→【钢筋】→【面积】 。

（2）选择要放置区域钢筋的楼板、墙或基础底板。

（3）绘制区域钢筋草图。选择【修改｜创建钢筋边界】→【绘制】→【线形钢筋】 或使用草图绘制工具绘制钢筋范围闭合区域，如图 10-46 所示。

图 10-45 结构钢筋的放置

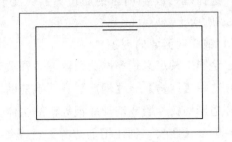

图 10-46 区域钢筋草图

（4）设置主筋方向。选择【修改｜创建钢筋边界】→【绘制】→【主筋方向】 川 主筋方向 。使用平行线符号表示区域钢筋的主筋方向。

（5）在实例属性中设置钢筋的相关属性，如钢筋布局规则、顶部钢筋的类型和间距、底部钢筋的类型和间距等，如图 10-47 所示。

（6）单击【修改｜创建钢筋边界】→【模式】→ ✔，完成区域钢筋的绘制，绘制结果如图 10-48 所示。

放置区域钢筋时，钢筋图元不可见。如果要显示这些图元，可以在"区域钢筋"的【属性】选项面板上的【图形】部分对钢筋的视图可见状态进行编辑。

（四）路径钢筋的创建

使用路径钢筋的绘制工具可绘制由钢筋系统填充的路径，具体创建步骤如下：

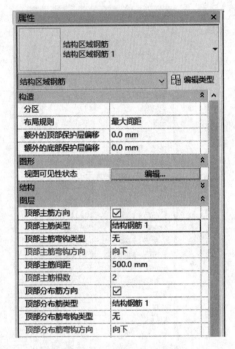

图 10-47 区域钢筋实例属性

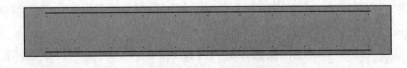

图 10-48 区域钢筋的绘制

（1）选择【结构】→【钢筋】→【路径】 路径 。

（2）选择钢筋主体，并绘制钢筋路径，以确保不会形成闭合环。

（3）单击 ↕（反转控制），可将钢筋翻转到路径的对侧。

（4）设置路径钢筋相关参数，如图 10-49 所示。

（5）选择【修改｜创建钢筋边界】→【模式】→✔，完成路径钢筋的绘制，如图 10－50 所示。

（五）钢筋网区域的创建

通过绘制工具定义钢筋网覆盖区域，并填充钢筋网片。具体创建步骤如下：

（1）选择【结构】→【钢筋】→【钢筋网区域】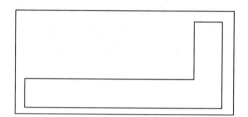。

（2）选择楼板、墙或基础底板等钢筋主体。

（3）单击【修改｜创建钢筋边界】→【绘制】→【边界线】 线形钢筋 ，或使用草图绘制工具绘制一条闭合的回路，如图 10－51 所示。

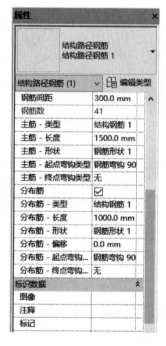

图 10－49 结构钢筋实例属性

图 10－50 路径钢筋的绘制

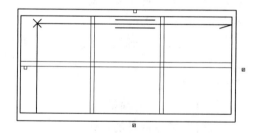

图 10－51 钢筋网区域草图

（4）平行线符号表示钢筋网区域的主筋方向边缘，可以更改区域主筋方向。

（5）在"钢筋网区域"的【属性】选项面板可以修改钢筋网的位置、搭接接头位置、主筋和分布钢筋的搭接接头长度等，如图 10－52 所示。

（6）选择【修改｜创建钢筋边界】→【模式】→✔，完成路径钢筋的绘制，如图 10－53 所示。

（7）选择钢筋网片，单击【属性】选项面板的【编辑类型】按钮，可以对网片的尺寸、钢筋类型、钢筋间距等进行调整。

（六）钢筋的视图显示

"清晰的视图"：指在视觉模式下都会显示选定的钢筋。钢筋不会被其他图元遮挡，而是显示在所有遮挡图元的前面；被剖切面剖切的钢筋图元始终可见。禁用该参数后，将在除"线框"外的所有"视觉样式"视图中隐藏钢筋。

"作为实体查看"：应用实体视图后，当视图的详细程度设置为精细时，视图将以实际体积表示显示钢筋。该视图参数仅适用于三维视图。

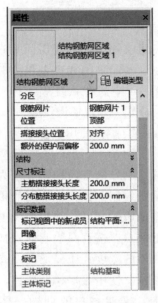

图 10-52　钢筋网区域实例属性

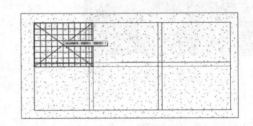

图 10-53　钢筋网区域的绘制

选择钢筋对象，在钢筋实例【属性】中单击"钢筋图元视图可见性状态"的【编辑】按钮，弹出如图 10-54 所示对话框，勾选三维视图的"清晰的视图"和"作为实体查看"后在三维视图中观察钢筋的显示状态的变化。

视图类型	视图名称	清晰的视图	作为实体查看
三维视图	{三维}	☑	☑
三维视图	{三维}1	☑	☑
天花板平面	1F	☐	☐
天花板平面	2F	☐	☐
楼层平面	1F	☐	☐
楼层平面	场地	☐	☐
楼层平面	2F	☐	☐
楼层平面	屋面层	☐	☐
楼层平面	屋顶层	☐	☐
立面	北	☐	☐
立面	东	☐	☐
立面	西	☐	☐

图 10-54　【钢筋图元视图可见性状态】对话框

图 10-55 所示为基础底板钢筋图元的显示效果。在【钢筋图元视图可见性状态】对话框勾选三维视图的"清晰的视图"和"作为实体查看"选项，并将状态栏的【细程度】按钮 ▦ 设置为"精细"，将【视觉样式】按钮 ◰ 设置为"真实"。

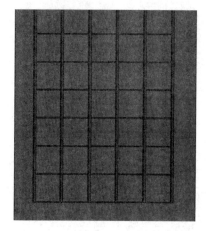

图 10-55　基础底板钢筋图元的
显示效果

六、楼梯

楼梯在建筑物中作为楼层间垂直交通用的构件，用于楼层之间和高差较大时的交通联系，在 Revit 中属于系统族，有三种类型可供选择，分别为"现场浇注楼梯""组合楼梯""预浇注楼梯"，使用最多的为"现场浇注楼梯"。

楼梯的绘制方法有两种，分别为按构件绘制和按草图绘制。按构件绘制的楼梯，只能统一调整梯段的宽度、踏板的深度、而不能单独调整形状。按草图绘制的楼梯，可以任意调节楼梯的宽度、边界形状，修改踏板的深度及形状。使用【楼梯】按钮，设置楼梯属性和族类型，在视图中规定楼梯起点与方向，完成楼梯的创建。具体过程如下：

（1）命令：【建筑】→【构建】→【楼梯】 ◈ 。

（2）执行上述命令后，界面会出现上下文功能选项卡【修改｜创建楼梯】，如图 10-56 所示。

图 10-56　【修改｜创建楼梯】选项卡和选项栏

选项说明：

1）"定位线"：在绘制楼梯的路径或者指定楼梯的绘制路径时，用来定位楼梯，如图 10-57 所示。

2）"偏移"：输入一个距离数值，以指定楼梯的定位线与绘制路径之间的偏移距离。

3）"实际梯段宽度"：输入一个数值，以规定梯段的宽度。

4）"自动平台"：勾选此选项，绘制楼梯时将自动绘制出平台。

（3）绘制楼梯。选择【属性】选项面板的类型下拉列表中的"楼梯类型"，如"整体浇筑楼梯"，见图 10-58。

如需对楼梯参数进行修改，在【属性】面板中单击【编辑类型】，打开【类型属性】对话框，在"类型参数"处调整楼梯的各项参数，如图 10-59 所示。

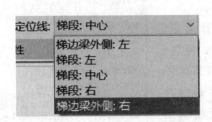

图 10-57 "定位线"选项栏

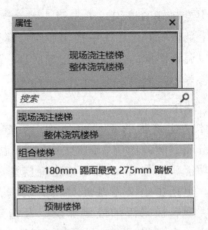

图 10-58 楼梯类型

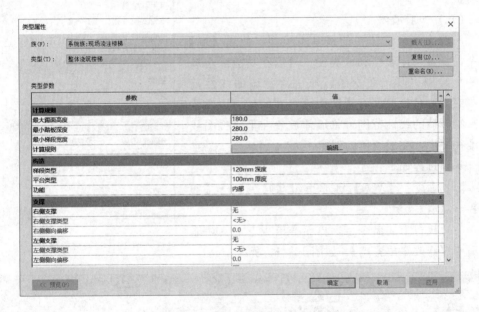

图 10-59 楼梯【类型属性】对话框

在【构件】选项卡中，选择【梯段】，再选择所需楼梯形状，在视图中单击以确定楼梯的起点，如图 10-60 所示，移动光标到适当位置单击确定楼梯的方向及楼梯踏步数，单击【模式】选项卡处的 ✓ 完成绘制，如图 10-61 所示。

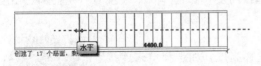

图 10-60 确定楼梯起点及方向

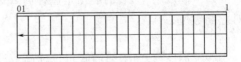

图 10-61 完成楼梯绘制

最后单击【模式】选项卡处的对号 ✓ 完成绘制。

选中绘制好的楼梯，单击箭头 ⟶，可改变楼梯向上翻转的方向。选中楼梯后在【属性】选项面板可以调整楼梯的属性特征，如底部、顶部的标高和偏移等，如图 10-62 所示。

七、墙体

资源 10.1
墙体的
绘制

墙体是建筑物的重要组成部分，起着承重、围护和分隔空间的作用，同时还具有保温、隔热、隔声等功能。墙体在设计时与建筑模型中其他图元类似，也是预定义系统族类型的实例。通过修改墙的类型属性来添加或删除层以及指定层的厚度或材质，也可将层分割为多个区域，自定义区域特征。

（一）一般墙体

一般墙体为墙体中的最基本模型，使用【墙】命令，设置墙体属性和族类型，可以在功能区中选择一个绘制工具，在绘图区域中绘制墙的线性范围，或者通过拾取现有视图中已存在的线、边或者面来绘制墙的线性范围，将墙体放置在平面视图或三维视图中，完成墙体的创建。

具体过程如下：

（1）命令：【WA】键或单击【建筑】→【构建】→【墙】 📁。

（2）执行上述命令后，界面会出现上下文功能选项卡【修改｜放置墙】，如图 10-63 所示。

图 10-62 楼梯属性

图 10-63 【修改｜放置墙】选项卡和选项栏

选项说明：

1）"高度"：为墙的墙顶定位标高或选择高度，如选择"未连接"，可直接输入绝对标高数值。

2）"深度"：为墙的墙底定位标高或选择高度，如选择"未连接"，可直接输入实际高程差值。

3）"定位线"：在绘制墙的路径或者指定墙的绘制路径时，用来定位墙体的垂直平面，包括："墙中心线"（默认）、"核心层中心线"、"面层面：外部"、"面层面：内部"、"核心面：外部"和"核心面：内部"。若为只有结构层的基本墙，墙中心线与核心层中心线重合；若为包含面层、保温层及结构层的复合墙，则"面层面：外部"和"核心面：外部"会有所差异。

　　沿顺时针方向绘制墙，可以保证面层外部在外，绘制时使用空格键可以切换墙体内外面。

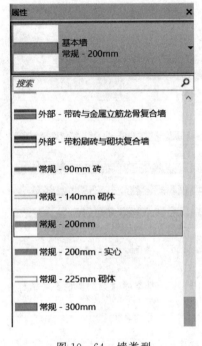

图 10-64　墙类型

　　4）"链"：勾选此复选框，可以在端点处连接，连续绘制墙。

　　5）"偏移"：输入一个距离数值，以指定墙的定位线与绘制路径、拾取路径之间的偏移距离。

　　6）"半径"：勾选此复选框时，旁边的数值输入框激活，可以指定半径创建圆角弧。

　　7）"连接状态"：选择"允许"状态，在墙相交的位置会自动创建对接（默认）；选择"不允许"状态，防止墙在相交时连接。重启 Revit 软件时，系统会切换回"允许"的默认状态。

　　（3）绘制基本墙。选择【属性】选项面板的类型下拉列表中的"墙类型"，如"常规-200mm"，见图 10-64。

　　在【绘制】选项卡中，选择"线"工具，在视图中单击以确定墙的起点，移动光标到适当位置单击以确定墙的终点，如图 10-65 所示，直至墙体绘制完成，结果如图 10-66 所示。

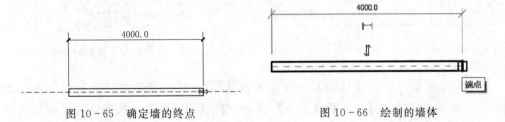

图 10-65　确定墙的终点　　　　图 10-66　绘制的墙体

　　选中绘制好的墙体，在【属性】选项面板中可以调整墙体的属性特征，如定位线、顶部和底部约束等，如图 10-67 所示。其中"房间边界"指是否将墙作为房间边界的一部分，该复选框在绘制完墙体后从只读模式变为可修改模式。

（二）复合墙

　　复合墙板是几种材料组成的多层板，复合墙板的面层有石膏板、铝板、树脂板、硬质纤维板、压型钢板等。夹心材料可用矿棉、木质纤维、泡沫塑料和蜂窝状材料等。通过创建墙及修改墙类型，利用层的属性来定义复合墙的结构，具体过程如下：

（1）命令：【WA】键或单击【建筑】→【构建】→【墙】 。

（2）编辑类型：选择【属性】选项面板中的"常规-200mm"墙类型，单击【编辑类型】按钮 编辑类型 ，打开【类型属性】对话框，如图 10-68 所示。单击【复制】，打开【名称】对话框，修改名称为复合墙，如图 10-69 所示。单击【确定】，返回【类型属性】对话框。

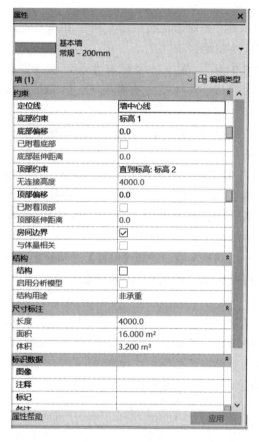

图 10-67　基本墙属性

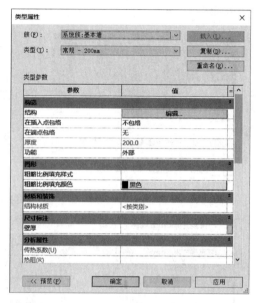

图 10-68　基本墙【类型属性】对话框

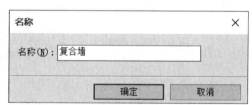

图 10-69　【名称】对话框

（3）编辑层：单击【结构】→【编辑】 编辑... ，打开【编辑部件】对话框，如图 10-70 所示。通过【插入】、【删除】、【向上】、【向下】四个按钮，可以添加和删除各功能层，并修改功能层相对于结构层的位置，如图 10-71 所示，分别添加了"面层 1 [4]""面层 2 [5]""保温层/空气层 [3]"。其中 [1] ～ [5] 表示各层的优先等级，"结构层 [1]"优先等级最高，"面层 2 [5]"优先等级最低。墙相交时，Revit 首先连接优先级高的层，然后连接优先级低的层。

（4）编辑材质：单击"结构 [1]""<按类别>"旁边的按钮 ，打开【材质浏览器】对话框，如图 10-72 所示。选择"砌体-普通砖"材质，可以分别设置材质颜色、表面填充图案及截面填充图案。

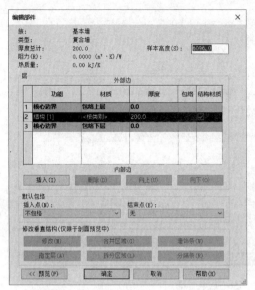

图 10-70 【编辑部件】对话框

图 10-71 【层】功能设置

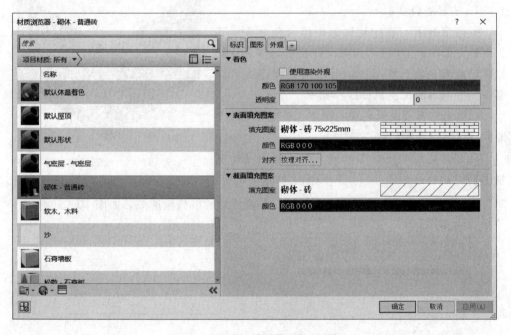

图 10-72 【材质浏览器】对话框

分别设置其他功能层的材质和厚度，"面层 1〔4〕"材质为"水泥砂浆"，厚度 10.0；"保温层/空气层〔3〕"材质为"聚苯板"，厚度为 20.0；"面层 2〔5〕"材质 为"粉刷-茶色-织纹"，厚度为 5.0。单击【预览】，可预览该复合墙，材质不同的两 个层接缝处用黑线表示，若材质相同，则没有接缝，如图 10-73 所示。

（5）连续单击【确定】按钮，在视图中绘制墙体，结果如图 10-74 所示。

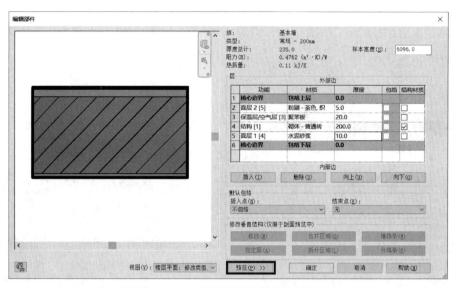

图 10-73 设置结构层材质并预览

(三) 墙体编辑

1. 编辑墙的轮廓

一般情况下，墙的轮廓为矩形（在垂直于其长度的立面中查看时），如果设计要求其他形状的轮廓，或者在墙上留洞口，可在剖面视图或者立面视图中编辑轮廓。具体操作如下：

（1）选中需要编辑轮廓的墙体，单击【修改｜墙】→【编辑轮廓】 。

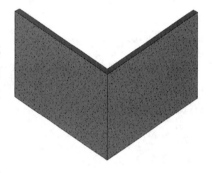

图 10-74 绘制的复合墙

（2）若是在平面绘图区域，则会弹出【转到视图】对话框，如图 10-75 所示。选择"立面：南"，打开视图，视图将切换至南立面，并显示墙的模型轮廓线，如图 10-76 所示。

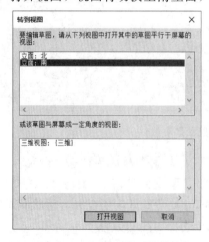

图 10-75 【转到视图】对话框

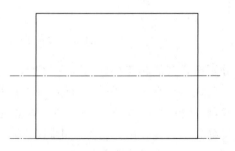

图 10-76 墙体模型轮廓线

（3）使用【修改】和【绘制】面板上的工具，根据需要编辑轮廓。删除线，然后绘制完全不同的形状，如图 10 - 77 所示；拆分现有线并添加圆弧，如图 10 - 78 所示；绘制洞口，如图 10 - 79 所示。

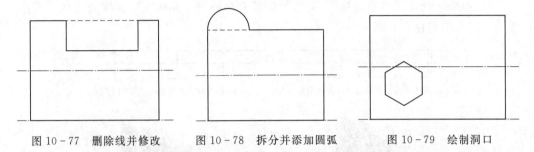

图 10 - 77　删除线并修改　　　图 10 - 78　拆分并添加圆弧　　　图 10 - 79　绘制洞口

（4）单击【修改｜墙】→【完成编辑】 ✔，完成墙体的编辑和修改，将视图切换到三维视图，如图 10 - 80 所示。

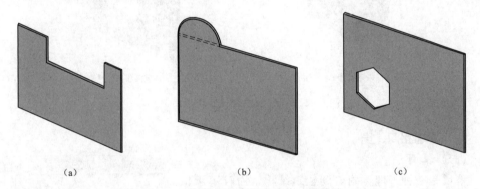

（a）　　　　　　　　　（b）　　　　　　　　　（c）

图 10 - 80　编辑轮廓后的墙体三维视图

（5）选中编辑后的墙体，单击【修改｜墙】→【重设轮廓】 🗐，可以恢复到初始形状。

2. 连接墙

使用【修改】选项面板中的【几何图形】选项→【连接几何图形】，可以在共享公共面的两个或多个主体图元（例如墙和楼板）之间创建清理连接。

（1）在族编辑器中连接几何图形时，会在不同形状之间创建连接。但是在项目中，连接任一图元实际上会根据下列方案进行剪切：

1）墙剪切柱。

2）结构图元剪切主体图元（墙、屋顶、天花板和楼板）。

3）楼板、天花板和屋顶剪切墙。

4）檐沟、封檐带和楼板边剪切其他主体图元。檐口不剪切任何图元。

（2）具体操作步骤如下：

1）单击【修改】选项面板中的【几何图形】选项→【连接几何图形】按钮 🔲连接几何图形，打开【连接】选项栏，出现"多重连接" ☑多重连接 复选框。

2）如果要将所选的第一个几何图形实例连接到其他几个实例，请选择选项栏上的"多重连接"。如果不选择此选项，则每次都必须选择两次。

3）选择要连接的第一个几何图形——墙面。

4）选择要与第一个几何图形连接的第二个几何图形——结构柱。

5）如果已选择"多重连接"，则继续选择要与第一个几何图形连接的其他几何图形——三个结构柱，如图 10-81 所示。

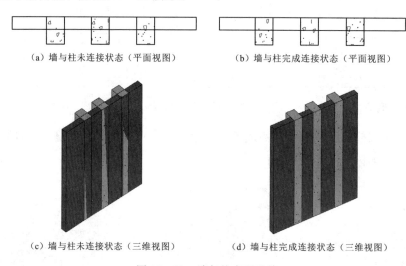

（a）墙与柱未连接状态（平面视图） （b）墙与柱完成连接状态（平面视图）

（c）墙与柱未连接状态（三维视图） （d）墙与柱完成连接状态（三维视图）

图 10-81 墙与柱实现连接

八、幕墙和门、窗

（一）幕墙

幕墙是一种外墙，附着到建筑结构，而且不承担建筑的楼板或屋顶荷载。在一般应用中，幕墙通常被定义为薄的、带铝框的墙，包含填充的玻璃、金属嵌板或薄石。绘制幕墙时，单个嵌板可延伸墙的长度。如果所创建的幕墙具有自动幕墙网格，则该墙将被再分为几个嵌板。

在幕墙中，网格线定义放置竖梃的位置。竖梃是分割相邻窗单元的结构图元。可通过选择幕墙并单击鼠标右键访问关联菜单来修改该幕墙。在关联菜单上有几个用于操作幕墙的选项，例如选择嵌板和竖梃。具体过程如下：

（1）命令：【WA】键或单击【建筑】→【构建】→【墙】🗔，选择【属性】选项面板的类型下拉列表中的"幕墙"，如图 10-82 所示。

（2）编辑类型：单击【编辑类型】按钮，打开【类型属性】对话框，如图 10-83 所示。

幕墙类型属性说明：

图 10-82 选择"幕墙"族

图 10 - 83 幕墙【类型属性】对话框

1)"功能":指明墙的作用,即外墙、内墙、挡土墙、基础墙、檐底板或核心竖井。功能可用在计划中并创建过滤器,过滤器可以在导出模型时简化模型。

2)"自动嵌入":设置幕墙是否自动嵌入墙中。

3)"幕墙嵌板":设置幕墙图元的幕墙嵌板族类型。

4)"连接条件":控制在某个幕墙图元类型中,交点处截断哪些竖梃。此参数使幕墙上的所有水平或垂直竖梃连续,或使玻璃斜窗上的网格 1 或网格 2 上的竖梃连续。

5)垂直/水平网格:

a."布局":沿幕墙长度设置幕墙网格线的自动垂直/水平布局。如果将此值设置为除"无"外的其他值,则 Revit 会自动在幕墙上添加垂直/水平网格线。

b."间距":当"布局"设置为"固定距离"或"最大间距"时启用。如果将布局设置为固定距离,则 Revit 将使用确切的"间距"值;如果将布局设置为最大间距,则 Revit 将使用不大于指定值的值对网格进行布局。

c."调整竖梃尺寸":调整不同类型网格线的位置,以确保幕墙嵌板的尺寸相等。

6)垂直/水平竖梃。"内部类型":指定内部垂直/水平竖梃的竖梃族。"边界 1 类型":指定左/底部边界上垂直/水平竖梃的竖梃族。"边界 2 类型":指定右/顶部边界上垂直/水平竖梃的竖梃族。

(3)绘制幕墙。在【绘制】选项卡中,选择【线】工具,在视图中单击以确定墙的起点，移动光标到适当位置单击以确定墙的终点，如图 10 - 84 所示，直至墙体绘制完成，结果如图 10 - 85 所示。

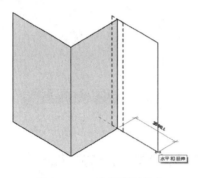

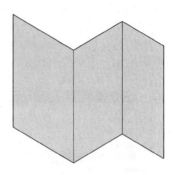

图 10 - 84　确定墙的终点　　　　图 10 - 85　绘制的墙体

选中绘制好的墙体，在【属性】选项面板中可以调整墙体的属性特征，如顶部和底部约束等，如图 10 - 86 所示。其中"房间边界"指是否将墙作为房间边界的一部分，该复选框在绘制完幕墙后从只读模式变为可修改模式。

图 10 - 86　幕墙属性

（4）添加幕墙网格。

1）打开三维视图或立面视图。

2）单击【建筑】→【构建】→【幕墙网格】。

3）单击【修改｜放置幕墙网格】→【放置】，然后选择放置类型，包括"全部分段"（在出现预览的所有嵌板上放置网格线段）、"一段"（在出现预览的一个嵌板上放置一条网格线段）、"除拾取外的全部"（在除了选择排除的嵌板之外的所有嵌板上，放置网格线段）。

4）沿着墙体边缘放置光标，会出现一条临时网格线。单击以放置网格线。网格的每个部分（设计单元）将以所选类型的一个幕墙嵌板分别填充。完成后单击【Esc】键，结果如图 10 - 87 所示。

（5）放置竖梃。创建幕墙网格后，可以在网格线上放置竖梃。

1）单击【建筑】→【构建】→【竖梃】。在类型选择器中，选择所需的竖梃类型，如图 10 - 88 所示。

2）在【修改｜放置竖梃】→【放置】中，选择下列工具之一：

a. "网格线"：单击绘图区域中的网格线时，此工具将跨整个网格线放置竖梃。

b.“单段网格线”：单击绘图区域中的网格线时，此工具将在单击的网格线的各段上放置竖梃。

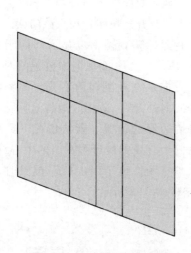

图 10-87　幕墙添加网格

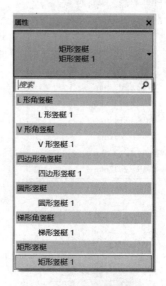

图 10-88　竖梃类型

c.“全部网格线”：单击绘图区域中的任何网格线时，此工具将在所有网格线上放置竖梃。

3）在绘图区域中单击，以便根据需要在网格线上放置竖梃，如图 10-89 所示。

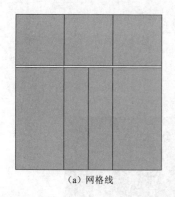

（a）网格线

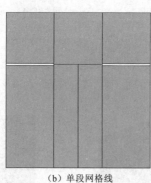

（b）单段网格线

（c）全部网格线

图 10-89　放置竖梃

（二）门

门是基于主体的构件，可以添加到任何类型的墙内。可以在平面视图、剖面视图、立面视图或三维视图中添加门。

选择要添加的门类型，然后指定门在墙上的位置。Revit 将自动剪切洞口并放置门，具体过程如下：

（1）命令：【DR】键或单击【建筑】→【构建】→【门】 。

（2）如果要放置的门类型与【类型选择器】中显示的门类型不同，可以从下拉列表

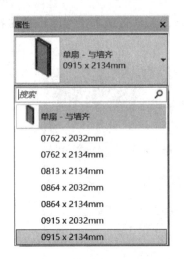

图 10 - 90　"门类型"下拉列表

中选择其他类型，如图 10 - 90 所示。如果要从 Revit 库中载入其他门类型，单击【放置门】→【模式】→【载入族】⬇️，定位到"门"文件夹，然后打开所需的族文件，如"双面嵌板格栅门 2. rfa"，如图 10 - 91 所示。单击【打开】按钮，载入该门族。

（3）将光标移到墙上以显示门的预览图像，如图 10 - 92 所示。在平面视图中放置门时，按空格键可将开门方向从左开翻转为右开。要翻转门面（使其向内开或向外开），请相应地将光标移到靠近内墙边缘或外墙边缘的位置。默认情况下，临时尺寸标注指示从门中心线到最近垂直墙的中心线的距离。

（4）预览图像位于墙上所需位置时，单击以放置门，如图 10 - 93 所示。

图 10 - 91　【载入族】对话框

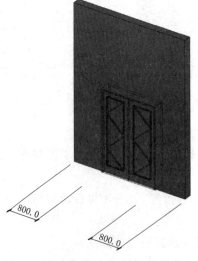

图 10 - 92　三维视图中放置门预览图

图 10 - 93　立面图中门放置完成图

（5）更改门的方向。在平面视图中选择门，单击鼠标右键，单击所需选项："翻转开门方向"可以修改门轴位置（右侧或左侧），"翻转面"可以修改门打开方向（内开或外开）。或者，也可以单击选择门后在图形中显示的相应翻转控制"翻转实例开门方向"或"翻转实例面"，如图 10-94 所示。

（三）窗

窗是基于主体的构件，可以添加到任何类型的墙内（对于天窗，可以添加到内建屋顶）。可以在平面视图、剖面视图、立面视图或三维视图中添加窗。

选择要添加的窗类型，然后指定窗在主体图元上的位置。Revit 将自动剪切洞口并放置窗，具体过程如下：

（1）命令：【WN】键或单击【建筑】→【构建】→【窗】。

（2）如果要放置的窗类型与【类型选择器】中显示的窗类型不同，可以从下拉列表中选择其他类型，如图 10-95 所示。如果要从 Revit 库中载入其他窗类型，单击【放置窗】→【模式】→【载入族】→，定位到"窗"文件夹，然后打开所需的族文件，如"推拉窗 6.rfa"，如图 10-96 所示。单击【打开】按钮，载入该窗族。

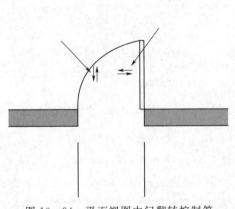

图 10-94　平面视图中门翻转控制符

图 10-95　"窗类型"下拉列表

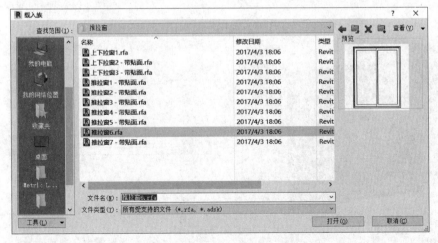

图 10-96　【载入族】对话框

（3）将光标移到墙上以显示窗的预览图像，如图 10 - 97 所示。默认情况下，临时尺寸标注指示从门中心线到最近垂直墙的中心线的距离。可以修改实例属性以更改窗的标高、窗台高度、顶高度和其他属性，如图 10 - 98 所示。

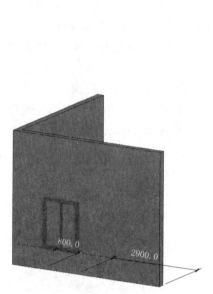

图 10 - 97 三维视图中放置窗预览图　　　　图 10 - 98 窗实例属性

（4）预览图像位于墙上所需位置时，单击以放置窗，如图 10 - 99 所示。

（5）更改窗的方向。在平面视图中选择窗，单击鼠标右键，单击所需选项："翻转开门方向"可以水平翻转窗，"翻转面"可以垂直翻转窗。或者，也可以单击选择窗后在图形中显示的相应翻转控制"翻转实例开门方向"或"翻转实例面"，如图 10 - 100 所示。

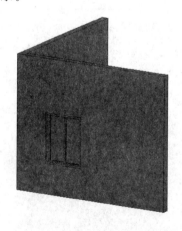

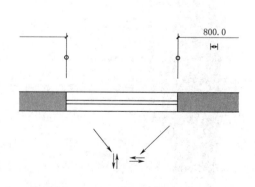

图 10 - 99 三维图中窗放置完成图　　　　图 10 - 100 平面视图中窗翻转控制符

九、坡道和台阶

(一) 坡道

可以在平面视图或三维视图中绘制一段坡道或绘制边界线和踢面线来创建坡道。

可使用与绘制楼梯相同工具和程序来绘制坡道。与楼梯类似，可以定义直梯段、L 形梯段、U 形坡道和螺旋坡道，还可以通过修改草图来更改坡道的外边界。具体过程如下：

(1) 命令：单击【建筑】→【楼梯坡道】→【坡道】 ◇。

(2) 编辑类型：单击【编辑类型】按钮，打开【类型属性】对话框，如图 10 - 101 所示。

图 10 - 101　坡道【类型属性】对话框

坡道类型属性说明：

1) "厚度"：设置坡道的厚度。仅当"造型"属性设置为"结构板"时，才启用此属性。

2) "功能"：指示坡道是内部的（默认值）还是外部的。功能可用在计划中并创建过滤器，这些过滤器可在导出模型时简化模型。

3) "文字大小"：设置坡道"向上"文字和"向下"文字的字体大小。

4) "文字字体"：设置坡道向上文字和向下文字的字体。

5) "材质和装饰"：为渲染而应用于坡道表面的材质。

6) "最大斜坡长度"：指定要求平台前坡道中连续踢面高度的最大数量。

7) "坡道最大坡度（1/x）"：设置坡道的最大坡度。

（3）设置坡道属性。通过修改实例属性来更改单个坡道的标高、偏移、图形和其他属性，如图 10-102 所示。"底部标高"：设置坡道的基准。"底部偏移"：设置距其底部标高的坡道高度。"顶部标高"：设置坡道的顶。"顶部偏移"：设置距顶部标高的坡道偏移。"多层顶部标高"：设置多层建筑中的坡道顶部。单击【工具】→【栏杆扶手】 ，打开【栏杆扶手】对话框，在下拉列表中选择"无"选项，如图 10-103 所示。

（4）添加坡道。单击【修改｜创建坡道草图】→【绘制】→【线】 或【圆心-端点弧】 ；将光标放置在绘图区域中，并拖拽光标绘制坡道梯段；单击 ，完成编辑模式。"顶部标高"和"顶部偏移"属性的默认设置可能会使坡道太长。尝试将"顶部标高"设置为当前标高，并将"顶部偏移"设置为较低的值，如图 10-104、图 10-105 所示。

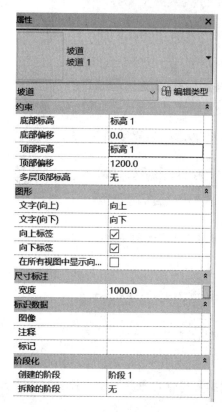

图 10-102　坡道属性

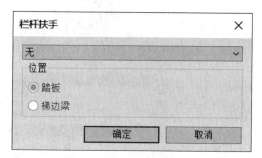

图 10-103　【栏杆扶手】对话框

图 10-104　绘制坡道

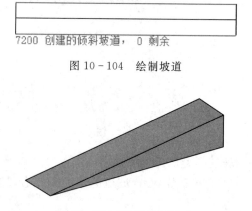

图 10-105　坡道绘制完成

（二）台阶

由于建筑物室内外存在一定高差，一般在建筑物入室门的外侧会设置室外台阶。可以利用楼板叠层来创建台阶，具体过程如下：

（1）命令：单击【建筑】→【构建】→【楼板】 。

（2）单击【修改｜创建坡道草图】→【绘制】→【矩形】 。

（3）选择与地面相同的楼板类型，沿地面楼板边缘绘制室内地坪标高的台阶，如图 10 - 106、图 10 - 107 所示。

（4）单击 ✔，完成编辑模式。

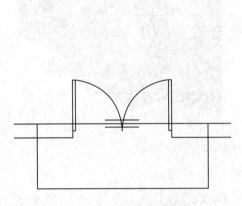

图 10 - 106 绘制台阶轮廓

图 10 - 107 完成室外台阶

（5）重复步骤（2）～（4），可以使用【线】 ✎，设置偏移量 150cm，自标高偏移－150cm，如图 10 - 108（a）所示，绘制第二级台阶，如图 10 - 108（b）所示。单击 ✔，完成编辑模式。

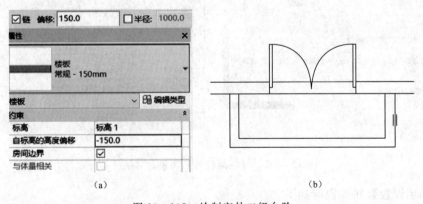

（a）   （b）

图 10 - 108 绘制室外二级台阶

（6）重复上述步骤，绘制室外地坪标高的台阶，如图 10 - 109 所示。单击 ✔，完成编辑模式。

十、场地和场地构件

绘制一个地形表面，然后添加建筑红线、建筑地坪以及停车场和场地构件。然后可以为这一场地设计创建三维视图或对其进行渲染，以提供更真实的演示效果。

可以定义等高线间隔、添加用户定义的等高线，以及选择剖面填充样式来修改项目的全局场地设置。具体过程如下：

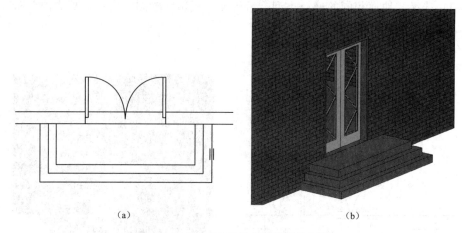

（a）　　　　　　　　　　　　　　　　　（b）

图 10-109　三级室外台阶完成绘制图

1. 命令

单击【体量和场地】→【场地建模】→【场地设置】 <kbd>↘</kbd>，如图 10-110 所示。

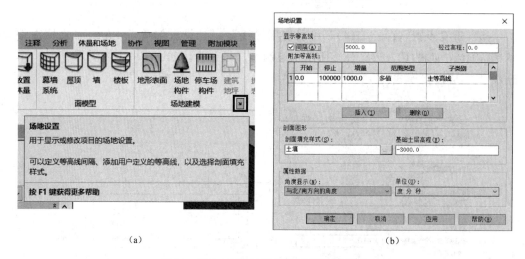

（a）　　　　　　　　　　　　　　　　　（b）

图 10-110　【场地设置】按钮及对话框

【场地设置】属性说明如下：

（1）"显示等高线"：显示等高线。如果清除该复选框，自定义等高线仍会显示在绘图区域中。

（2）"间隔"：设置等高线间的间隔。

（3）"经过高程"：等高线间隔是根据这个值来确定的。例如，将等高线间隔设置为 10，则等高线将显示在 −20、−10、0、10、20 的位置；将"经过高程"值设置为 5，则等高线将显示在 −25、−15、−5、5、15、25 的位置。

（4）"附加等高线"：

1）"开始"：设置附加等高线开始显示的高程。

2）"停止"：设置附加等高线不再显示的高程。

3）"增量"：设置附加等高线的间隔。

4）"范围类型"：选择"单一值"可以插入一条附加等高线；选择"多值"可以插入增量附加等高线。

5）"子类别"：设置将显示的等高线类型。从列表中选择一个值。若要创建自定义线样式，请打开【对象样式】对话框。在【模型对象】选项卡中，更改"地形"下的设置。

（5）"剖面图形"：

1）"剖面填充样式"：设置在剖面视图中显示的材质。对应的材质有"场地-土""场地-草"和"场地-沙"等。

2）"基础土层高程"：控制着土壤横断面的深度（例如，−30英尺或−25m）。该值控制项目中全部地形图元的土层深度。

（6）"属性数据"：

1）"角度显示"：指定建筑红线标记上角度值的显示。可以从【注释】→"Civil族"文件夹中载入建筑红线标记。

2）"单位"：指定在显示建筑红线表中的方向值时要使用的单位。

2. 创建地形表面

（1）打开三维视图或场地平面视图。

（2）单击【体量和场地】→【模型场地】→【地形表面】 。默认情况下，功能区上的"放置点"工具处于活动状态。

（3）在选项栏上，设置"高程"的值。点及其高程用于创建表面。

（4）在"高程"文本框旁边，选择下列选项之一：

1）"绝对高程"：点显示在指定的高程处（从项目基点）。可以将点放置在活动绘图区域中的任何位置。

2）"相对于表面"：通过该选项，可以将点放置在现有地形表面上的指定高程处，从而编辑现有地形表面。要使该选项的使用效果更明显，需要在着色的三维视图中工作。

（5）在绘图区域中单击以放置点。如果需要，在放置其他点时可以修改选项栏上的高程。

（6）单击 ，完成地形表面创建，如图 10-111 所示。

图 10-111 地形表面

3. 添加建筑地坪

在创建好的地形表面中可以按照项目需要添加建筑地坪。通过在地形表面绘制闭合环添加建筑地坪。

（1）打开一个场地平面视图。

（2）单击【体量和场地】→【场地建模】→【建筑地坪】 。

（3）使用绘制工具绘制闭合环形式的建筑地坪。可以用"拾取线" 拾取楼板边界，形成闭合的环，如图 10-112 所示，单击 ✓，完成编辑。

（4）在【属性】选项面板中，根据需要设置"相对标高"和其他建筑地坪属性。

（5）单击【视图】→【剖面】◇，在平面视图创建剖面，在剖面中可以看到一个低于楼板的建筑地坪，如图 10-113 所示。

图 10-112　建筑地坪绘制

图 10-113　建筑地坪绘制完成

4. 创建场地构件/停车场构件

可在场地平面中放置场地专用构件（如树、电线杆和消防栓）。如果未在项目中载入场地构件，则会出现一条消息，指出尚未载入相应的族。

（1）打开显示要修改的地形表面的视图。

（2）单击【体量和场地】→【场地建模】→【场地构件】⛰️/【停车场构件】▦。

（3）从"类型选择器"中选择所需的构件。

（4）在绘图区域中单击以添加一个或多个构件，可创建停车场和树木构件阵列，如图 10-114 所示。

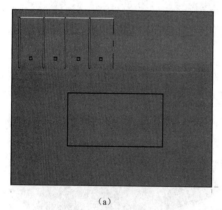
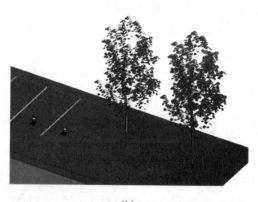

（a）　　　　　　　　　　　　　　　（b）

图 10-114　停车场构件和树木构件

第二节　工 程 模 型 表 现

一、漫游动画

漫游是指定义穿过建筑模型的路径，并创建动画或一系列图像，可以创建建筑内部或围绕建筑场地的漫游。

（一）创建漫游

以平面视图、立面视图、剖面视图或三维视图创建漫游路径。具体过程如下：

（1）命令：单击【视图】→【创建】→【三维视图】下拉列表→【漫游】，如图 10-115 所示。

图 10-115　创建漫游

（2）选取要放置漫游路径的视图。以平面视图开始创建漫游较为容易，但还可以以立面视图、剖面视图或三维视图创建漫游。在此过程中，打开其他视图，可有助于精确定位路径和相机。要同时查看所有打开的视图，请依次单击【视图】→【窗口】→【平铺视图】　　平铺，如图 10-116 所示。

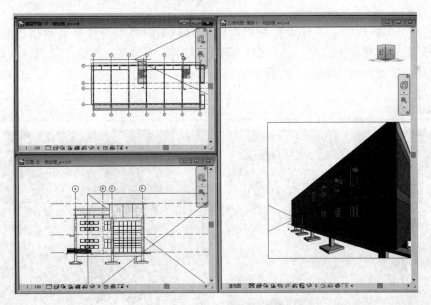

图 10-116　窗口平铺视图

若要将漫游创建为正交三维视图，请清除选项栏上的【透视图】复选框，并可以为该三维视图选择视图比例。视图比例控件在透视图处于活动状态时不显示，如图 10-117 所示。

（3）放置关键帧。

图 10 - 117　创建漫游选项栏

1）将光标置于视图中并单击即可放置关键帧。沿所需方向移动光标以绘制路径，如图 10 - 118 所示。

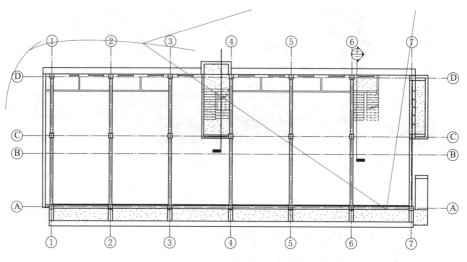

图 10 - 118　绘制漫游路径

2）在平面视图中，通过设置相机距所选标高的偏移可调整路径和相机的高度。从下拉列表中选择一个标高，然后在"偏移"文本框中输入高度值。使用这些设置可创建上楼或下楼的相机效果，如图 10 - 119 所示。

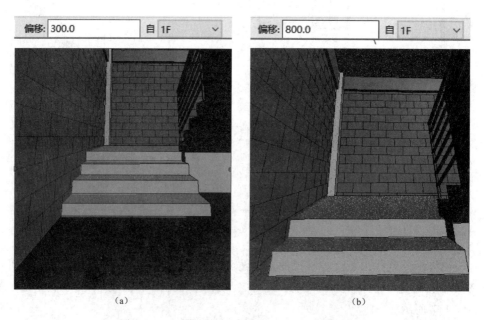

（a）　　　　　　　　　　　　　　　（b）

图 10 - 119　设置相机偏移量调整上楼漫游效果

3）继续放置关键帧，以定义漫游路径。可以在任意位置放置关键帧，但在创建路径期间不能修改这些关键帧的位置。路径创建完成后，编辑关键帧。

（4）要完成漫游，请执行下列操作之一：

1）单击【完成漫游】。

2）双击结束路径创建。

3）按【Esc】键。

Revit 会在【项目浏览器】的【漫游】分支下创建漫游视图，并为其指定名称"漫游 1"，可以重命名漫游。

（二）编辑漫游

以平面视图、立面视图、剖面视图或三维视图创建漫游路径，单击【修改｜相机】→【编辑漫游】，激活【编辑漫游】选项卡和选项栏，进行漫游编辑，如图 10 - 120 所示。

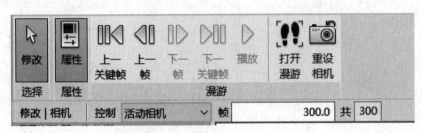

图 10 - 120　【编辑漫游】选项卡和选项栏

1. 编辑关键帧

在选项栏中设置控制为"添加关键帧"，可以在漫游路径上单击以添加关键帧，如图 10 - 121 所示。

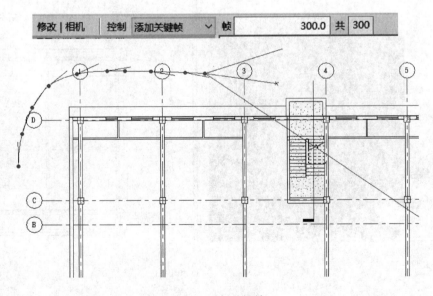

图 10 - 121　添加关键帧

227

在选项栏中设置控制为"删除关键帧"，可以在漫游路径上单击需要删除的关键帧以删除关键帧，如图 10 - 122 所示。

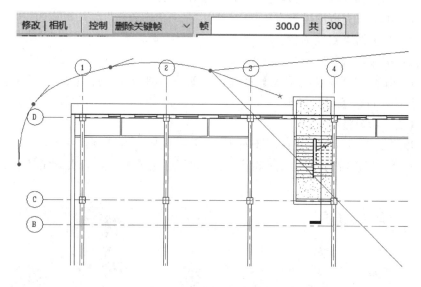

图 10 - 122　删除关键帧

2. 编辑相机角度

在选项栏中设置控制为"活动相机"，可以通过拖拽相机焦点来调整相机角度及视角进深。单击【上一关键帧】 ◄◄ 或【下一关键帧】 ►► ，可调整所有相机的角度，如图 10 - 123 所示。

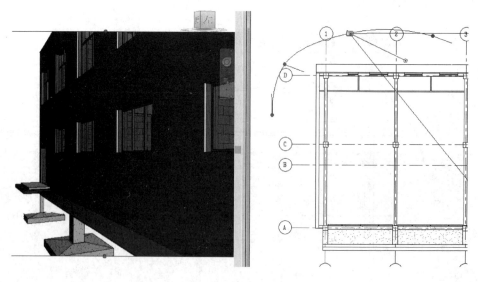

（a）外墙视角

图 10 - 123（一）　调整相机角度

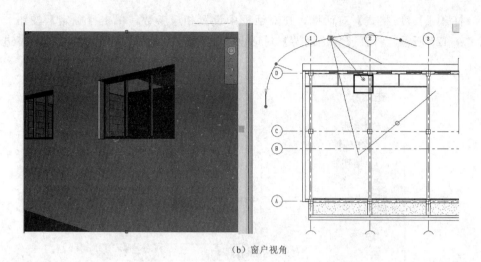

（b）窗户视角

图 10-123（二） 调整相机角度

（三）导出漫游

可以将漫游导出为 AVI 文件或者图像文件。具体步骤如下：选中漫游视图，单击【文件】→【导出】→【图像和动画】→【漫游】，如图 10-124 所示。

图 10-124 漫游导出命令路径

打开【长度/格式】对话框，在对话框中设置相应参数，单击【确定】按钮，如图 10-125 所示。打开【导出漫游】对话框，设置保存路径、文件名和文件类型进行保存。

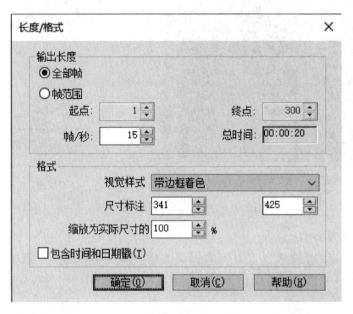

图 10-125　长度/格式对话框

打开【视频压缩】对话框，"全帧（非压缩的）""Microsoft Video 1"和"Intel IYUV 编码解码器"等不同的压缩程序可供选择，建议选择"Microsoft Video 1"进行压缩，单击【确定】，如图 10-126 所示。

二、渲染

（一）创建三维视图

（1）打开一个平面视图、剖面视图或立面视图。

（2）单击【视图】→【创建】→【三维视图】→【相机】。

注： 如果清除选项栏上的"透视图"选项 ☑透视图 比例 1:100 ，则创建的视图会是正交三维视图，不是透视视图。

图 10-126　"视频压缩"对话框

（3）在绘图区域中单击以放置相机，将光标拖拽到目标处然后单击即可放置，如图 10-127 所示。

（4）系统自动生成一张三维视图，通过拖动视口的控制点，调整三维视图显示窗口，生成别墅入口处的三维视图，如图 10-128 所示。

（5）单击控制栏中的【视觉样式】按钮 🗗，在打开的菜单栏中选择"着色"或者"真实"选项，效果如图 10-129 所示。

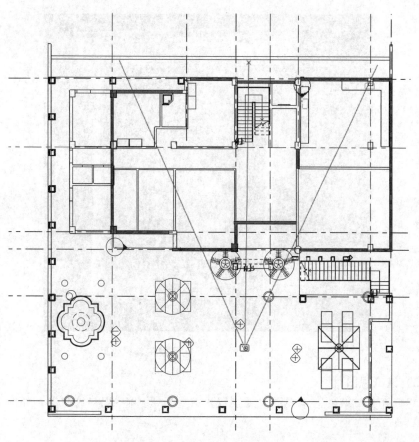

图 10-127 放置相机

图 10-128 生成三维视图

图 10 - 129　别墅入口处三维视图着色效果

（二）渲染视图

（1）打开要渲染的三维视图→【别墅入口处】，可调整视口控制点，如图 10 - 130 所示。

图 10 - 130　别墅入口处三维视图

（2）单击【视图】→【演示视图】→【渲染】 ，打开【渲染】对话框，如图 10 - 131 所示。"质量"设置为"高"，可以进行"日光设置"和"背景样式设置"，如图 10 - 132 所示。

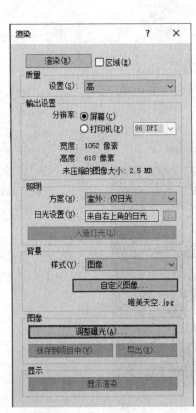

(a) 【日光设置】对话框

(b) 【背景图像】对话框

图 10-131 【渲染】对话框   图 10-132 【日光设置】和【背景图像】对话框

（3）单击【渲染】对话框→【渲染】，打开【渲染进度】对话框，如图 10-133 所示。

（4）渲染完成后可将图像保存到项目中或者导出图像。单击【渲染】对话框中的【保存到项目中】，打开【保存到项目中】对话框（图 10-134），保存后项目浏览器中会出现"别墅入口处"渲染图像（图 10-135），双击该图像可查看渲染的图像，如图 10-136 所示。

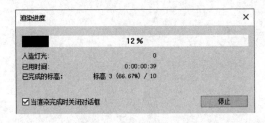

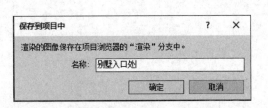

图 10-133 【渲染进度】对话框   图 10-134 【保存到项目中】对话框

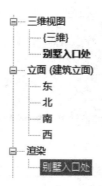

图 10 - 135　项目浏览器

图 10 - 136　别墅入口处渲染效果图

第十一章

给排水模型创建

第一节 项 目 准 备

一、项目概况

（1）工程名称：物业楼。

（2）建筑面积：1290.78m²。

（3）建筑层数：地上二层。

（4）建筑高度：7.8m。

（5）建筑耐火等级为二级，建筑结构为框架结构。

（6）建筑室内外高差为0.3m。

本设计包括本建筑的室内给水、消防、排水系统的施工图设计。

二、设计内容

（一）生活给水系统

（1）水源由室外管网直接供给，给水入户压力为0.28MPa，且水质应满足《生活饮用水卫生标准》（GB 5749—2022）的规定。

（2）本工程最高日用水量5.5m³，计量装置为旋翼式冷水水表，水表设置在室外管井内。水表管径同管道直径。

（二）生活污水系统

（1）本工程采用污废水合流排水系统，污废水靠重力自流排到室外，经化粪池处理后排至城市污水管网。

（2）排水立管采用伸顶通气管，顶端装通气帽。

（三）消火栓系统

根据《建筑设计防火规范》（GB 50016—2006）第8.3.1条，本建筑不需要设置室内消火栓。本建筑室外消防用水量为20L/s。

第二节 管 道 系 统 设 置

通过在模型中放置机械构件，并将其指定给供水或回水系统来创建管道系统。然后，使用布局工具可以为连接系统构件的管道确定最佳布线。

（1）打开项目浏览器中的【族】→【管道系统】→【循环供水】，右键单击【复制】，将其重命名为"生活给水"；选中"循环回水"，右键单击复制，将其重命名为

资源11.1
管道系统
设置

235

"生活排水"。

（2）单击【系统】→【卫浴和管道】→【管道】 。在视图中绘制一段管道。

（3）选中绘制的管道，单击【属性】选项板的编辑类型，打开【类型属性】对话框，如图 11-1 所示。单击复制，重命名为"生活给水"。

（4）单击【布管系统配置】的值，进行【编辑】，打开【布管系统配置】对话框，如图 11-2 所示。

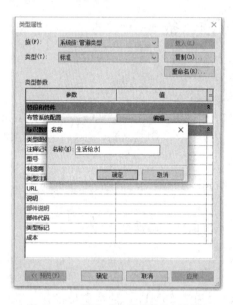 

图 11-1 管道【类型属性】对话框 　　　图 11-2 【布管系统配置】对话框

（5）单击【管段和尺寸】，打开【机械设置】对话框，修改管段材质为"钢，碳钢"，如图 11-3 所示。单击【新建管段】 ，打开【新建管段】对话框，新建"材质和规格/类型"，如图 11-4 所示。

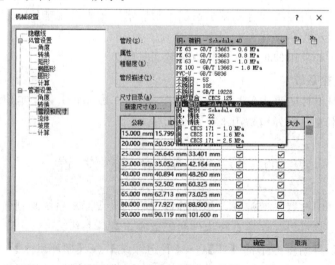

图 11-3 设置"管段"材质

（6）编辑"管段"材质，单击材质扩展符号，打开【材质浏览器】对话框，搜索"碳钢"材质，并复制，重命名为"碳钢"，如图 11-5 所示。

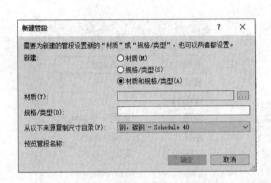

图 11-4　设置"管段"材质规格　　图 11-5　编辑"管段"材质

（7）在【新建管段】对话框中的【规格/类型】中，输入管道名称"生活给水"，可预览管段名称为"碳钢-生活给水"，如图 11-6 所示。

（8）单击【确定】两次，在【布管系统配置】对话框中，选择【构件】→【管段】，选择设置完成的"碳钢-生活给水"，单击【确定】，如图 11-7 所示。

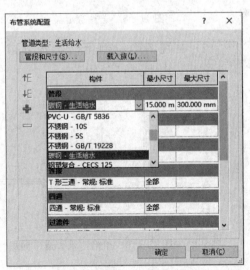

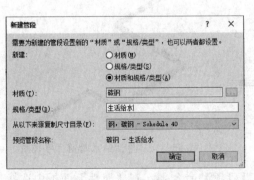

图 11-6　重命名管段　　图 11-7　【布管系统配置】对话框

（9）完成"生活给水"管道系统设置，同理可完成"生活排水"管道系统设置。

第三节　给排水系统模型

一、给排水管道绘制

资源 11.2
给排水管道
绘制

（1）单击【系统】→【卫浴和管道】→【管道】。在【属性】面板中选择"生活给水"的"管道类型"，"系统类型"选择"生活给水"，"管段"选择"碳钢-生活给水"，如图 11-8 和图 11-9 所示。确保三个位置统一，才能确保绘制的管道为同一系统。

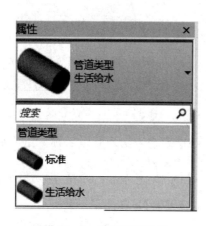

图 11-8　选择管道类型　　　　　　　　　图 11-9　修改系统类型

（2）在视图中绘制生活给水管道，直径为 150mm，偏移量为 2750mm，如图 11-10、图 11-11 所示。

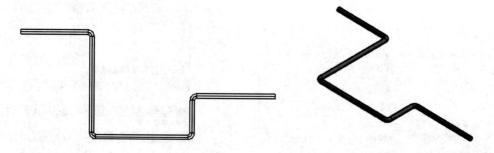

图 11-10　生活给水管道平面图　　　　　　图 11-11　生活给水管道三维视图

（3）单击【系统】→【卫浴和管道】→【管道】命令。在【属性】面板中选择"生活排水"的"管道类型"，"系统类型"选择"生活排水"，"管段"选择"碳钢-生活排水"，如图 11-12 和图 11-13 所示。

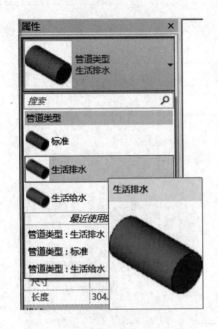

图 11-12　选择管道类型

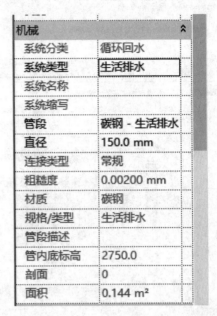

图 11-13　修改系统类型

（4）在视图中绘制生活排水管道，直径为 150mm，偏移量为 2750mm，如图 11-14 所示。

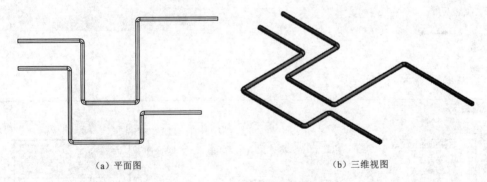

　　（a）平面图　　　　　　　　　　　　（b）三维视图

图 11-14　生活排水管道

（5）在三维视图中，在【视图】选项卡中单击【可见性/图形】按钮，打开【可见性/图形替换】对话框，选择【过滤器】选项卡，如图 11-15 所示。

（6）复制"循环"过滤器，重命名为"生活给水"，选中管道所有类别，设置"过滤器规则"为"系统名称包含生活给水"，单击【确定】，如图 11-16 所示。

（7）在视图【可见性/图形替换】对话框中，单击【添加】按钮，添加"生活给水"和"生活排水"过滤器，并修改填充图案，生活给水"颜色"为"绿色"，"填充图案"为"实体填充"；生活排水"颜色"为"黄色"，"填充图案"为"实体填充"，如图 11-17 所示。

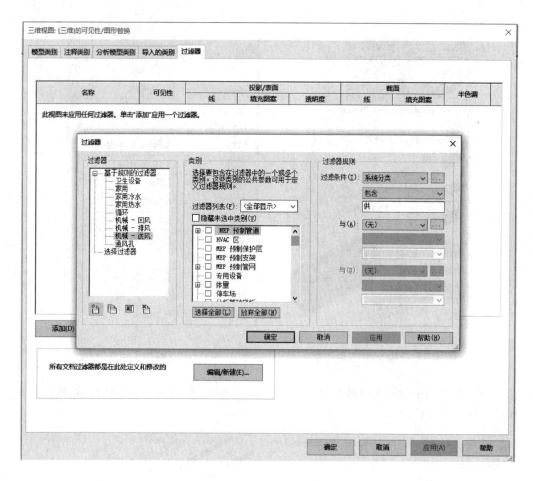

图 11-15 设置过滤器

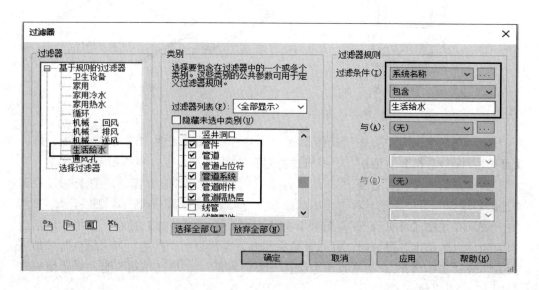

图 11-16 定义过滤器规则

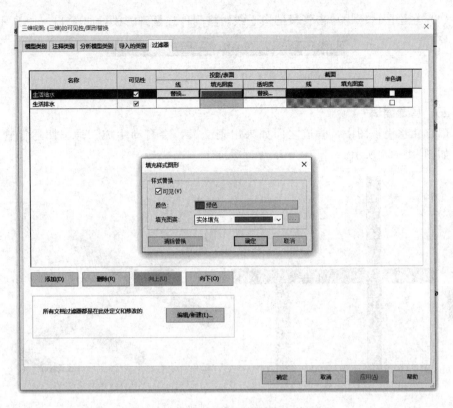

图 11-17　添加过滤器并定义外观

（8）在平面视图中，同样设置可见性，添加相同的过滤器，平面视图和三维视图如图 11-18 所示。

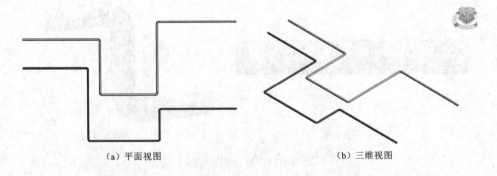

（a）平面视图　　　　　　　　　　　　（b）三维视图

图 11-18　生活给水管道和生活排水管道平面视图和三维视图

资源 11.3
生活给水
管道和生活
排水管道

二、放置管道附件

可将管道附件添加到平面、剖面、立面和三维视图中。

（1）在项目浏览器中，打开要在其中放置管道附件的视图。

（2）单击【系统】→【卫浴和管道】→【管道附件】　。

（3）在【类型选择器】中，选择管道附件类型。

（4）在绘图区域中单击管段的中心线，将附件连接到管段，如图 11-19 所示。

图 11-19　放置管道附件

三、管道编辑

（1）在水平视图中，管道之间如果出现交叉，会自动生成三通、四通等管道附件，如图 11-20 所示。

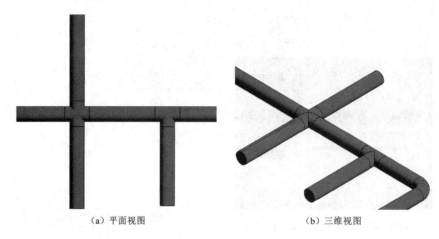

（a）平面视图　　　　　　　　　　（b）三维视图

图 11-20　水平编辑管道

（2）在水平视图中，通过修改偏移量，可以设置管道的垂直位置，并自动生成弯头。如图 11-21 所示，修改偏移量为 3500mm，绘制一段管道。

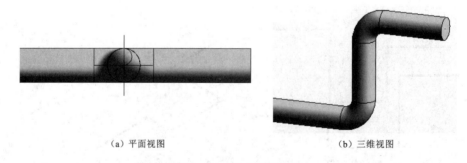

（a）平面视图　　　　　　　　　　（b）三维视图

图 11-21　垂直编辑管道

第十二章

族

在 Revit 中使用的所有图元都是族。有些族（如墙或标高基准）是包括在模型环境中的，有些族（如特定的门或装置）需要从外部库载入到模型中。如果不使用族，则无法在 Revit 中创建任何对象。

第一节 族 概 述

族是一个包含通用属性（称作参数）集和相关图形表示的图元组。Revit 有三种不同类型的族：系统族、可载入族和内建族。在项目中创建的大多数图元都是系统族或可载入的族，也可以组合载入的族来创建嵌套和共享族。非标准图元或自定义图元是使用内建族创建的。

一、系统族

系统族包含用于创建基本建筑图元（例如，建筑模型中的墙、楼板、天花板和楼梯）的族类型。系统族还包含项目和系统设置，而这些设置会影响项目环境，并且包含诸如标高、轴网、图纸和视口等图元的类型。

系统族是在 Revit 中预定义的。不能将其从外部文件中载入到项目中，也不能将其保存到项目之外的位置。虽不能创建、复制、修改或删除系统族，但可以复制和修改系统族中的类型，以便创建自定义系统族类型。系统族中可以只保留一个系统族类型，除此以外的其他系统族类型都可以删除，这是因为每个族至少需要一个类型才能创建新系统族类型。

系统族还可以作为其他种类族的主体，这些族通常是可载入的族。例如，墙系统族可以作为标准构件门/窗部件的主体。

二、可载入族

可载入族是在外部族文件中创建的，并可载入到项目中，包括建筑内和建筑周围的建筑构件，如：窗、门、橱柜、装置、家具和植物等；锅炉、热水器、空气处理设备和卫浴装置等。还包括常规自定义的一些注释图元，如符号和标题栏等。

由于它们具有高度可自定义的特征，因此可载入的族是 Revit 中最经常创建和修改的族。对于包含许多类型的族，可以创建和使用类型目录，以便仅载入项目所需的类型。

（一）创建可载入族

创建可载入族，可使用 Revit 中提供的族样板来定义族的几何图形和尺寸。然后可将族保存为单独的 Revit 族文件（.rfa 文件），并载入到任何项目中。创建过程可能很耗时，具体取决于族的复杂程度。若能够找到与所要创建的族比较类似的族，则可以通过复制、重命名并修改该现有族来进行创建，这样既省时又省力。

（二）载入和保存族

若要在项目或样板中使用可载入族，必须使用【载入族】工具导入这些族。将族载入到某个项目中后，它将随该项目一起保存。

将族载入到项目中后，默认情况下将访问 Revit 族库。该库位于：％ALLUSER-SPROFILE％ \ Autodesk \ RVT2018 \ Libraries。

（1）单击【插入】选项卡→【从库中载入】面板→【载入族】。

（2）在【载入族】对话框中，双击要载入的族的类别。载入前可以预览类别中的任意族（RFA）。

1）要预览单个族，请从列表中选择一个族。在对话框右上角的"预览"下，会显示该族的缩略图，如图 12-1 所示。

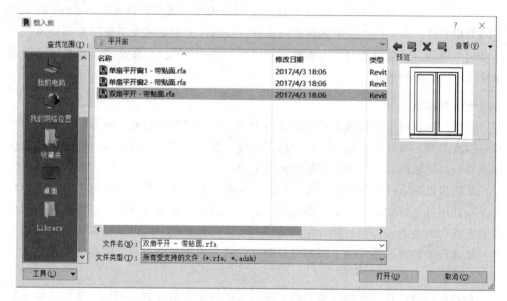

图 12-1　预览单个可载入窗族

2）要在列表中为该类别的所有族显示一个缩略的图像，请单击对话框的右上角【查看】→【缩略图】，如图 12-2 所示。

（3）选择要载入的族，然后单击【打开】。

（4）现在该族类型就可以放置到项目中。它将显示在项目浏览器中【族】下的相应类别中，如图 12-3 所示。

三、内建族

内建族是需要创建当前项目特有构件时所创建的特殊图元。如果需要在多个项目中使用该图元，可以将该图元创建为可载入族。创建内建图元时，Revit 将为该内建图元创建一个族，该族包含单个族类型。

创建内建图元涉及族编辑器工具，详见本章第二节。

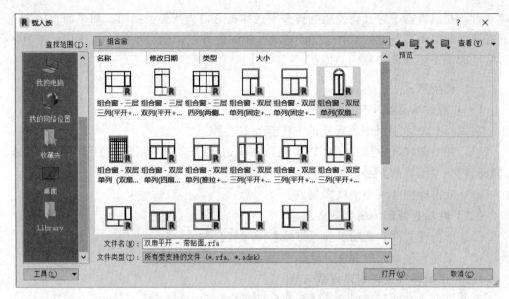

图 12-2　预览"组合窗"所有族缩略图

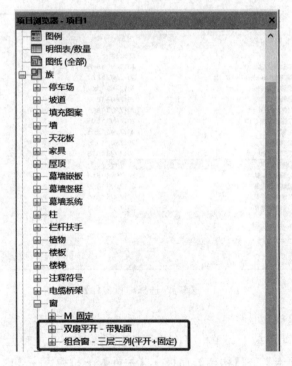

图 12-3　载入的窗族

第二节　族　编　辑　器

族编辑器是一种图形编辑模式，能够创建并修改可载入到项目中的族。当开始创建族时，在编辑器中打开要使用的样板。该样板可以包括多个视图，如平面视图和立面视图。族编辑器与 Revit 中的项目环境有相同的外观，但提供的工具不同。工具的可用性取决于要编辑的族的类型。

一、调用方式

（一）通过项目编辑族

在 Revit 2018 项目中编辑族的方法有如下两种：

（1）在绘图区域中选择一个族实例，并单击【修改│＜图元＞】选项卡→【模式】面板→【编辑族】。

（2）双击绘图区域中的族实例。

（二）在项目外部编辑可载入族

（1）单击【文件】选项卡→【打开】→【族】。

（2）浏览到包含族的文件，然后单击【打开】。

（三）使用样板文件创建可载入族

（1）单击【文件】选项卡→【新建】→【族】。

（2）浏览到样板文件，然后单击【打开】，如图 12-4 所示。

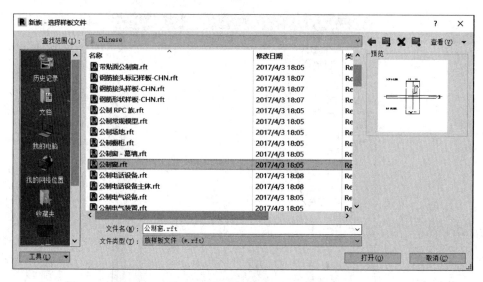

图 12-4 【新族-选择样板文件】对话框

（四）创建内建族

在 Revit 2018 功能区上，单击【内建模型】，有下列三种方式：

（1）【建筑选项卡】→【构建】面板→【构件】下拉列表→【内建模型】。

（2）【结构选项卡】→【模型】面板→【构件】下拉列表→【内建模型】。

（3）【系统选项卡】→【模型】面板→【构件】下拉列表→【内建模型】。

在【族类别和族参数】对话框中，选择相应的族类别，然后单击【确定】，如图 12-5 所示。

输入内建图元族的名称，如图 12-6 所示，然后单击【确定】。

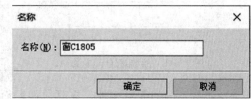

图 12-5 【族类别和族参数】对话框　　　　　　图 12-6 内建图元族命名

二、创建三维模型

族三维模型的创建最常用的是创建实体模型和空心模型，下面介绍建模命令的特点和使用方法。

（一）拉伸

1. 创建拉伸

在工作平面绘制二维轮廓，拉伸二维轮廓来创建与平面垂直的三维模型。单击【文件】选项卡→【新建】→【族】，浏览到样板文件"公制常规模型"，然后单击【打开】，如图 12-7 所示。

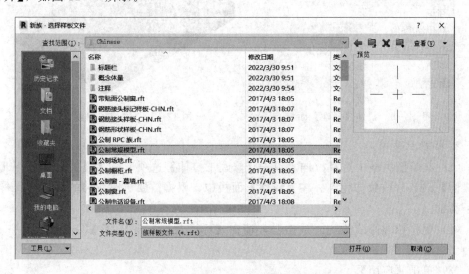

图 12-7 【新族-选择样板文件】对话框

在【创建选项卡】→【形状】面板上，执行下列一项操作：①单击【拉伸】🗔；②单击【空心形状】下拉列表→【空心拉伸】🗇。

（1）使用绘制工具绘制拉伸轮廓。要创建单个实心形状，则绘制一个闭合环，如图12-8所示；要创建多个形状，需绘制多个不相交的闭合环。

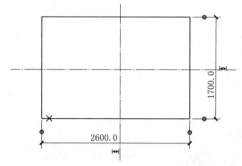

图12-8 绘制闭合环轮廓

（2）在【属性】选项板上，设定拉伸属性。

1）要从默认起点0拉伸轮廓，在【属性】面板中的"拉伸终点"处输入一个正/负拉伸深度（图12-9），此值将更改拉伸的终点。单击【修改 | 创建拉伸】选项卡→【模式】面板→✔按钮，完成编辑模式，如图12-10所示。

2）要从不同的起点拉伸，在【属性】面板中输入新值作为"拉伸起点"。

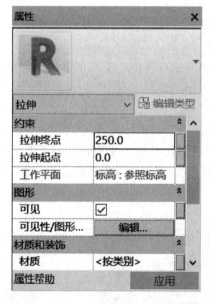

图12-9 拉伸【属性】面板

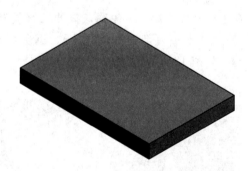

图12-10 完成拉伸创建

2. 编辑拉伸

（1）在绘图区域中选择拉伸。单击【修改 | 拉伸】选项卡→【模式】面板→【编辑拉伸】🖋，修改拉伸轮廓。在【属性】面板中，根据需要更改拉伸的可见性、材质或子类别。

（2）要将拉伸修改为实心或空心，请在【标识数据】下选择【实心】或【空心】作为"实心/空心"。

（3）单击【应用】。

（4）单击【修改 | 编辑拉伸】选项卡→【模式】面板→✔按钮，完成编辑模式。

（二）融合

融合工具可将两个轮廓（边界）融合在一起。例如，如果绘制一个大矩形，并在其顶部绘制一个小矩形，则 Revit 会将这两个形状融合在一起。

1. 创建融合

在【族编辑器】中的【创建】选项卡→【形状】面板上，执行下列一项操作：①单击【融合】🔲；②单击【空心形状】下拉列表→【空心融合】🔲。

（1）使用绘制工具绘制融合轮廓。

1）在【修改｜创建融合底部边界】选项卡上，使用绘制工具绘制融合的底部边界，例如绘制一个正方形，如图 12-11 所示。

2）使用底部边界完成后，在【修改｜创建融合底部边界】选项卡→【模式】面板上，单击【编辑顶部】。

3）在【修改｜创建融合顶部边界】选项卡上，绘制融合顶部的边界，例如绘制另一个方形，如图 12-12 所示。

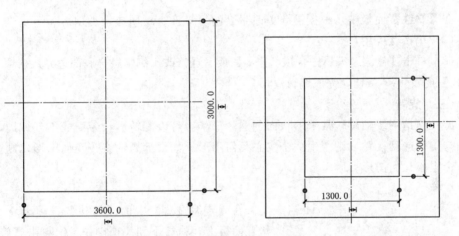

图 12-11 绘制底部边界轮廓　　　　图 12-12 绘制顶部边界轮廓

（2）在【属性】选项板上，设定融合属性。

1）要指定从默认起点 0 开始计算的深度，在【属性】面板的"第二端点"处，输入一个值（图 12-13）。单击【修改｜创建融合顶部边界】选项卡→【模式】面板→✅按钮，完成编辑模式，如图 12-14 所示。

2）要指定从 0 以外的起点开始计算的深度，在【属性】面板的"第二端点"处输入值。

2. 编辑融合

（1）在绘图区域中选择融合。在选项栏的【深度】文本框中输入值可修改融合深度。在【修改｜融合】选项卡→【模式】面板上，选择一个编辑选项：

1）单击【编辑顶部】🔲命令可编辑融合的顶部边界。

2）单击【编辑底部】🔲命令以编辑融合的底部边界。

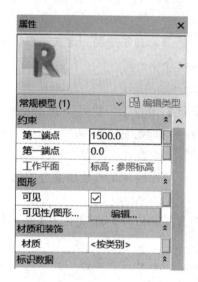

图 12-13 融合【属性】面板

图 12-14 完成融合创建

在【属性】面板中，根据需要更改融合的可见性、材质或子类别。

（2）单击【应用】。

（3）单击【修改│编辑融合顶部边界】或者【修改│编辑融合底部边界】选项卡→【模式】面板→✔按钮，完成编辑模式。

（三）旋转

旋转是指围绕轴旋转某个形状而创建的形状。可以旋转形状一周或不到一周。如果轴与旋转造型接触，则产生一个实心几何图形。如果远离轴旋转几何图形，则会产生一个空心几何图形。

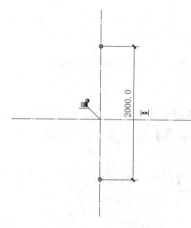

图 12-15 放置旋转轴

1. 创建旋转

在【族编辑器】中的【创建】选项卡→【形状】面板上，执行下列一项操作：①单击【旋转】🏛；②单击【空心形状】下拉列表→【空心旋转】🏛。

（1）放置旋转轴。

1）在【修改│创建旋转】选项卡→【绘制】面板上，单击【轴线】🏛。

2）在所需方向上指定轴的起点和终点，如图12-15所示。

（2）使用绘制工具绘制形状，以围绕轴旋转：

1）单击【修改│创建旋转】选项卡→【绘制】面板→【边界线】🏛。

2）要创建单个旋转，绘制一个闭合环，如图12-16所示。要创建多个旋转，绘制多个不相交的闭合环。

（3）在【属性】面板上，设定旋转属性：输入新的"起始角度"和"结束角度"以修改要旋转的几何图形的起点和终点，默认状态为 $0°\sim360°$（图 12 - 17）。在【模式】面板上，单击 ✔ 按钮，完成编辑模式，如图 12 - 18 所示。

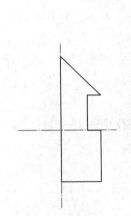

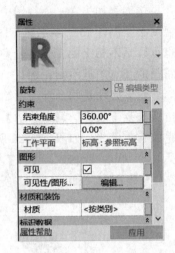

图 12 - 16　绘制闭合形状　　图 12 - 17　旋转【属性】面板　　图 12 - 18　完成旋转创建

2. 编辑旋转

（1）在绘图区域中选择旋转。在【修改｜旋转】选项卡→【模式】面板上，单击【编辑旋转】，修改旋转草图。在【属性】面板上，根据需要更改旋转的起始和结束角度值、可见性、材质或子类别。

（2）要将旋转修改为实心或空心形状，在【标识数据】下选择【实心】或【空心】作为"实心/空心"。

（3）单击【应用】。

（4）单击【修改｜旋转＞编辑旋转】选项卡→【模式】面板→ ✔ 按钮，完成编辑模式。

（四）放样

1. 创建放样

在【族编辑器】中的【创建】选项卡→【形状】面板上，执行下列一项操作：①创建实心放样，单击【放样】；②创建空心放样，单击【空心形状】下拉列表→【空心放样】。

（1）绘制路径创建放样。

1）为放样绘制新的路径，单击【修改｜放样】选项卡→【放样】面板→【绘制路径】。

路径既可以是单一的闭合路径，也可以是单一的开放路径，但不能有多条路径。路径可以是直线和曲线的组合，如图 12 - 19 所示。在【模式】面板上，单击 ✔ 按钮，完成编辑模式。

2）绘制轮廓，单击【修改｜放样】选项卡→【放样】面板，确认【＜按草图＞】

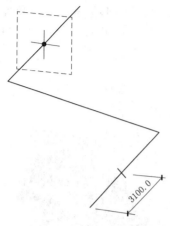

图 12-19 绘制放样路径

已经显示出来,然后单击【编辑轮廓】。

如果显示【进入视图】对话框,则选择要从中绘制该轮廓的视图,然后单击【确定】。

例如,如果在平面视图中绘制路径,应选择立面视图来绘制轮廓。该轮廓草图可以是单个闭合环形,也可以是不相交的多个闭合环形。在靠近轮廓平面和路径的交点附近绘制轮廓。

轮廓必须是闭合环,绘制一个圆形轮廓,然后单击【修改│放样>编辑轮廓】→【模式】→按钮,完成编辑模式,如图 12-20 所示。

3)单击【修改│放样】→【模式】→按钮,完成编辑模式,如图 12-21 所示。

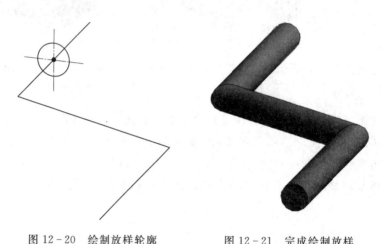

图 12-20 绘制放样轮廓

图 12-21 完成绘制放样

(2)拾取路径创建放样。

1)可以使用【拾取路径】工具以制作使用多个工作平面的放样。单击【修改│放样】选项卡→【放样】面板→【拾取路径】。单击【拾取三维边】可以选择现有几何图形的边。或者拾取现有绘制线,观察状态栏以了解正在拾取的对象。该拾取方法自动将绘制线锁定到正拾取的几何图形上,并允许在多个工作平面中绘制路径,以便绘制出三维路径。

单击【修改│放样>拾取路径】→【模式】→按钮,完成编辑模式,如图 12-22 所示。

2)单击【修改│放样】选项卡→【放样】面板,然后从【轮廓】列表中选择一个轮廓。如果所需的轮廓尚未载入到项目中,单击

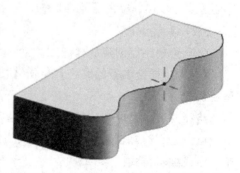

图 12-22 拾取现有图形的边为放样路径

【修改│放样】选项卡→【放样】面板→【载入轮廓】,以载入该轮廓,如图 12-23、图 12-24 所示。

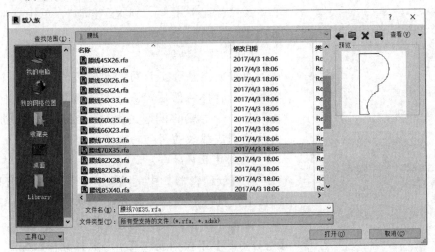

图 12-23 载入"腰线"轮廓族

（a）选择轮廓

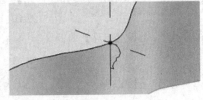

（b）轮廓三维视图

图 12-24 选择放样轮廓

3）单击【修改│放样＞编辑轮廓】→【模式】→✔按钮,完成编辑模式,如图 12-25 所示。

2. 编辑放样

（1）在绘图区域中选择放样。在【修改│放样】选项卡→【模式】面板上,单击【编辑放样】🖏。

图 12-25 完成放样绘制

（2）修改放样路径。在【修改│放样】选项卡→【放样】面板上,单击【绘制路径】🖉。使用【绘制】选项卡上的工具修改路径。在【模式】面板上,单击✔。

（3）修改放样轮廓。在【修改│放样】选项卡→【放样】面板上,单击【选择轮廓】🖏。使用所显示的工具选择新的放样轮廓或修改放样轮廓位置。要编辑现有轮廓,单击【编辑轮廓】🖉,然后使用【修改│放样＞编辑轮廓】选项卡上的工具。

在【模式】面板上,单击✔以完成轮廓的编辑,然后再次单击以完成放样的编辑。

（4）编辑其他放样属性，在【属性】面板中，根据需要更改放样的可见性、材质、分割或子类别。要将放样修改为实心或空心形状，在【标识数据】下选择"实心"或"空心"作为"实心/空心"，单击【应用】，如图 12－26 所示。

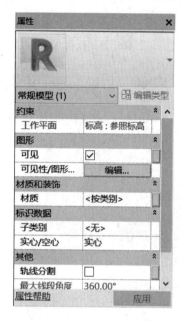

图 12－26　修改【属性】面板

（五）放样融合

通过放样融合工具可以创建一个具有两个不同轮廓的融合体，然后沿某个路径对其进行放样。放样融合命令生成的模型是由绘制或拾取的二维路径以及绘制或载入的两个轮廓所确定的。

1. 创建放样融合

在【族编辑器】中的【创建】选项卡→【形状】面板上，执行下列一项操作：①创建实心放样融合，单击【放样融合】；②创建空心放样融合，单击【空心形状】下拉列表→【空心放样融合】。

（1）创建放样融合的路径。在【修改｜放样融合】选项卡→【放样融合】面板上执行下列一项操作：

1）单击【绘制路径】，可以为放样融合绘制路径。

2）单击【拾取路径】，可以为放样融合拾取现有线和边。

在【模式】面板上，单击，如图 12－27 所示。

（2）绘制放样融合的轮廓 1 和轮廓 2。在【放样融合】面板中，单击【选择轮廓 1】，确认"轮廓"已选择＜按草图＞，然后单击【编辑轮廓】。如果显示【进入视图】对话框，则选择要从中绘制该轮廓的视图，然后单击【确定】。可以使用【修改｜放样融合＞编辑轮廓】选项卡上的工具来绘制轮廓。轮廓必须是闭合环。在【模式】面板上，单击。轮廓族 2 的编辑参考以上步骤，如图 12－28 所示。

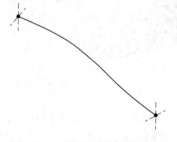

图 12－27　绘制放样融合路径

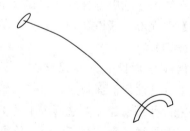

图 12－28　绘制轮廓族 1、2

（3）完成后，单击【模式】面板→，如图 12－29 所示。

2. 编辑放样融合

（1）在绘图区域中选择放样融合，在【修改｜放样融合】选项卡→【模式】面板上，单击【编辑放样融合】。

（2）修改放样融合路径。在【修改｜放样融合】选项卡→【放样融合】面板上，单击【绘制路径】。使用【绘制】选项卡上的工具修改路径。在【模式】面板上，单击✔。

图 12-29　完成放样融合创建

（3）修改放样融合轮廓。在【修改｜放样融合】选项卡→【放样融合】面板上，单击【选择轮廓 1】或【选择轮廓 2】。使用所显示的工具选择新的放样融合轮廓或修改放样融合轮廓位置。要编辑现有轮廓，单击【编辑轮廓】，然后使用【修改｜放样融合＞编辑轮廓】选项卡上的工具。

在【模式】面板上，单击✔，以完成轮廓的编辑，然后再次单击以完成放样融合的编辑。

（4）要编辑其他放样轮廓属性，在【属性】面板中，根据需要更改放样的可见性、材质、分割或子类别。要将放样修改为实心或空心形状，在【标识数据】下选择"实心"或"空心"作为"实心/空心"，然后单击【应用】。

第三节　创 建 族 实 例

基于以上族的基本概念和族三维模型的创建方法，本节以窗族为例介绍族实例的创建过程。

资源 12.1
族实例——
窗的绘制

一、选择族样板

单击【新建】→【族】，打开【选择样板文件】对话框，选择"公制窗.rft"文件，单击【打开】，如图 12-30 所示。

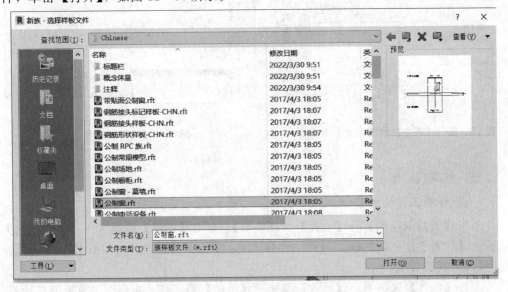

图 12-30　选择族样板——公制窗

二、设置族类别和族参数

（1）单击【创建】选项卡→【属性】面板→【族类别和族参数】，打开【族类别和族参数】对话框，族类别选择"窗"，族参数设置"总是垂直"，如图 12-31 所示。

（2）新建族参数。

1）单击【创建】选项卡→【属性】面板→【族类型】，在【族类型】对话框中，在右上角单击【新建类型】并输入新类型的名称，将创建一个新的族类型，将其载入到项目后将出现在类型选择器中。

2）在【族类型】对话框中，左下角单击【新建参数】，在【参数属性】对话框中，输入名称"玻璃"，参数类型选择"材质"，单击【确定】；相同步骤创建"窗框材质"参数，单击【确定】，如图 12-32 所示。

3）在【族类型】对话框中，设置窗的高度和宽度参数为"2700.0"和"3000.0"，如图 12-33 所示。

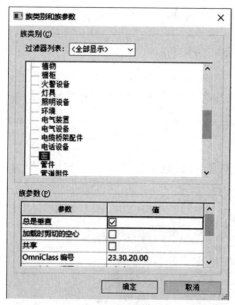

图 12-31　【族类别和族参数】对话框

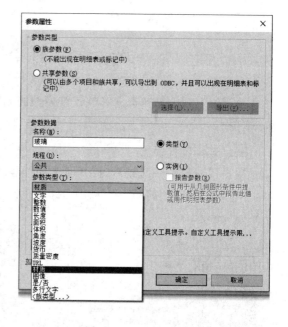

图 12-32　添加族参数

三、创建几何体

（一）设置工作平面

单击【项目浏览器】→【立面】→【内部】，单击【创建】选项卡→【工作平面】面板→【设置工作平面】，选择"参照平面：中心（前/后）"，如图 12-34 所示。

（二）创建窗框

单击【创建】选项卡→【形状】面板→【拉伸】，用"矩形"工具沿洞口边缘

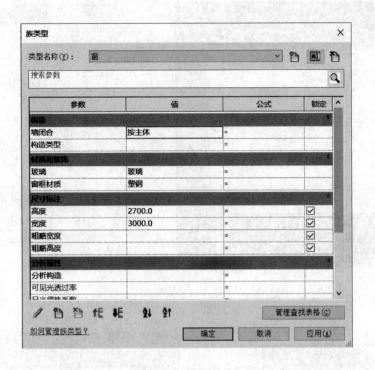

图 12-33 设置族类型

绘制矩形，选项栏上的偏移设置为"50"，再绘制一个矩形，单击 ✓。

在【属性】面板上，设置窗框的"拉伸起点"为"-25.0"和"拉伸终点"为"25.0"，材质设置"塑钢"，如图12-35所示。

（三）创建横竖梃

（1）创建参照平面。单击【创建】→【基准】面板→【参照平面】 ▱，绘制一条水平参照平面和两条垂直参照平面，单击【注释】→【对齐】 ✓，对垂直参

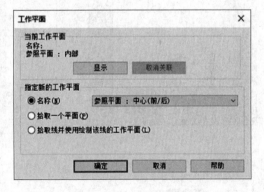

图 12-34 设置工作平面

照平面进行连续标注并单击"EQ"使其均分，对水平参照平面标注其距边框下边缘为"1800"，如图12-36所示。

（2）绘制横竖梃拉伸。单击【创建】选项卡→【形状】面板→【拉伸】 ▯，用"矩形"工具沿参照平面绘制矩形，选项栏上的偏移设置为"25"，单击 ✓。单击【修改】→【几何图形】→【连接】 ▱，依次单击横竖梃和窗框，使图元进行连接。在【属性】面板上，设置窗框的拉伸起点为"-25.0"和拉伸终点为"25.0"，材质设置"塑钢"，结果如图12-37所示。

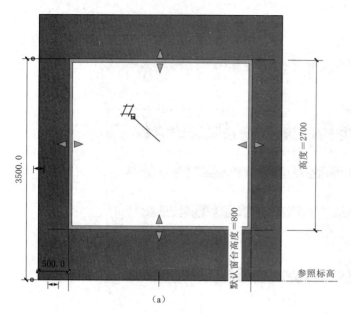

（a）   （b）

图 12-35 创建窗框

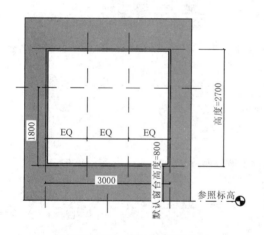

图 12-36 设置参照平面

图 12-37 完成横竖梃的创建

（四）创建窗扇

单击【创建】选项卡→【形状】面板→【拉伸】，用"矩形"工具沿横竖梃边缘绘制矩形，选项栏上的偏移设置为"50"，单击 ✓。在【属性】面板上，设置窗框的拉伸起点为"-25.0"和拉伸终点为"25.0"，材质设置"塑钢"，结果如图 12-38 所示。

（五）创建玻璃

单击【创建】选项卡→【形状】面

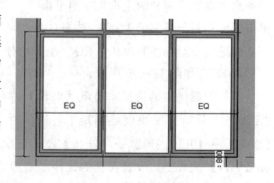

图 12-38 绘制窗扇

板→【拉伸】，用"矩形"工具沿横竖梃和窗扇边缘绘制矩形，单击 ✓ 。在【属性】面板上，设置窗框的拉伸起点为"－3.0"和拉伸终点为"3.0"，材质设置"玻璃"，结果如图12－39和图12－40所示。

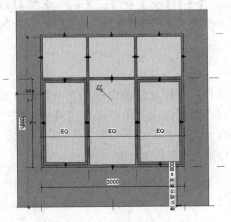

图12－39　完成玻璃绘制

图12－40　窗族三维视图

附录 A

建筑用图纸基本要求

一、图纸幅面

工程制图首先应配置图纸幅面、图框尺寸、标题栏及会签栏等内容，在机械类制图时还应确定材料明细表等相关专业内容。图纸幅面及图框尺寸应符合《技术制图图纸幅面和格式》（GB/T 14689—2008）的要求。

工程图纸的图纸幅面形式如图 A-1 所示，图框基本尺寸见表 A-1。

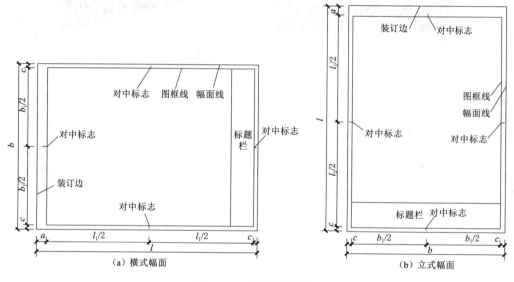

（a）横式幅面　　　　　　　　（b）立式幅面

图 A-1　图纸幅面形式

表 A-1　　　　　　　　　　　图纸幅面及图框尺寸　　　　　　　　单位：mm

幅面代号		A0	A1	A2	A3	A4
尺寸代号	$b \times l$	841×1198	594×841	420×594	297×420	210×297
	c	10			5	
	a	25				

注　b 为图纸幅面短边尺寸，l 为图纸幅面长边尺寸，c 为图纸幅面与图框线间宽度，a 为图框线与装订边线间宽度。

工程图纸的短边尺寸不应加长，A0～A3 图纸的长边尺寸可按规定适当加长。一般情况下，一个专业图纸的幅面不宜多于两种（不含图纸目录）。

二、比例

绘图比例应为图形与绘图实物线性尺寸之比例，使用阿拉伯数字表示，比例符号为"："。绘图比例应标注在图名右侧，与图名基准线齐平，比例字符高度应比图名字符高度小一至二号。

　　工程制图的比例应根据绘制图样的复杂程度，是否表达清晰美观等因素从表 A-2 中选用，并应优先选取常用比例。一般情况下，一个图样应选用一种绘图比例。

表 A-2　　　　　　　　　　　　　绘　图　比　例

图　　名	常用绘图比例
总平面图	1：500、1：1000、1：2000
平面图、立面图、剖面图	1：50、1：100、1：200
次要平面图	1：300、1：400
详图	1：1、1：2、1：5、1：10、1：20、1：25、1：50

三、图线

　　绘图时应根据绘制图样不同的表达重点，确定不同的图线。图线包括图线宽度及线型。根据图样复杂程度和比例大小选取图线基本宽度 b，再根据表 A-3 确定相应的线宽组。

表 A-3　　　　　　　　　　　　　线　宽　组　　　　　　　　　　　　单位：mm

线宽比	线　宽　组			
b	1.4	1.0	0.7	0.5
$0.7b$	1.0	0.7	0.5	0.35
$0.5b$	0.7	0.5	0.35	0.35
$0.25b$	0.35	0.25	0.18	0.13

　　工程制图的基本线型见表 A-4。同一张图纸内，同一比例的线宽组应保持一致。图线不得与文字、数字或符号重叠或混淆，当不可避免时，应首先保证文字表达清晰。

表 A-4　　　　　　　　　　　工程制图的基本线型

名　称		线　型	线宽	一　般　用　途
实线	粗	————————	b	主要可见轮廓线
	中粗	————————	$0.7b$	可见轮廓线
	中	————————	$0.5b$	可见轮廓线、尺寸线、变更云线
	细	————————	$0.25b$	图例填充线、家具线
虚线	粗	- - - - - - - -	b	见各有关专业制图标准
	中粗	- - - - - - - -	$0.7b$	不可见轮廓线
	中	- - - - - - - -	$0.5b$	不可见轮廓线、图例线
	细	- - - - - - - -	$0.25b$	图例填充线、家具线

续表

名　称		线　型	线宽	一　般　用　途
单点长划线	粗		b	见各有关专业制图标准
	中		$0.5b$	见各有关专业制图标准
	细		$0.25b$	中心线、对称线、轴线等
双点长划线	粗		b	见各有关专业制图标准
	中		$0.5b$	见各有关专业制图标准
	细		$0.25b$	假想轮廓线、成型前原始轮廓线
折断线	细		$0.25b$	断开界线
波浪线	细		$0.25b$	断开界线

四、字体

图纸的文字、数字或符号在图纸表达时作用尤为重要，在计算机绘图时，应保证字体清晰，排列整齐。汉字优先选用 TrueType 字体的宋体字型，文字的字高见表 A-5。

表 A-5　　　　　　　　　　线 型 文 字 字 高　　　　　　　　　单位：mm

字高种类	汉字矢量字体	TrueType 字体及非汉字字体
字高	3.5、5、7、10、14、20	3、4、6、8、10、14、20

参 考 文 献

［1］ 程绪琦，王建华，张文杰，等. AutoCAD 2018 中文版标准教材 ［M］. 北京：电子工业出版社，2018.

［2］ 李善锋，姜东华，姜勇. AutoCAD 应用教程 ［M］. 2 版. 北京：人民邮电出版社，2013.

［3］ 胡仁喜，解江坤. 详解 AutoCAD 2018 标准教程 ［M］. 5 版. 北京：电子工业出版社，2018.

［4］ CAD/CAM/CAE 技术联盟. AutoCAD 2018 中文版从入门到精通：标准版 ［M］. 北京：清华大学出版社，2018.

［5］ 刘欣，亓爽. CAD/BIM 技术与应用 ［M］. 北京：北京理工大学出版社，2021.

［6］ 晏孝才，黄宏亮. 水利工程 CAD ［M］. 武汉：华中科技大学出版社，2013.

［7］ 陈敏林，余明辉，宋维胜. 水利水电工程 CAD 技术 ［M］. 武汉：武汉大学出版社，2004.

［8］ 于奕峰，杨松林. 工程 CAD 基础与应用 ［M］. 北京：化学工业出版社，2017.

［9］ 王立峰，王彦惠，张梅. 计算机辅助设计：AutoCAD ［M］. 北京：中国水利水电出版社，2009.

［10］ 何凤，梁瑛. 中文版 Revit 2018 完全实战技术手册 ［M］. 北京：清华大学出版社，2018.

［11］ 陆泽荣，叶雄进. BIM 建模应用技术 ［M］. 2 版. 北京：中国建筑工业出版社，2018.

［12］ 裴金萍，吴明玉. 计算机绘图与信息建模 ［M］. 北京：中国建筑工业出版社，2021.